山东省自然科学基金（No. ZR2020QF010）等项目资助

多源不确定信息推理技术

郭　强　潘新龙　唐田田　著

電子工業出版社

Publishing House of Electronics Industry

北京 · BEIJING

内 容 简 介

本书是关于多源不确定信息推理技术理论及应用的一部专著,是作者对国内外近十余年来该领域研究进展和自身研究成果的总结。本书由 7 章组成,包括概述、多源不确定信息推理技术的数学基础、基于多源不确定信息推理的雷达融合识别、DSmT-DS 多源不确定信息推理方法、基于证据聚类和凸函数分析的 DSmT 多源不确定信息推理方法、基于条件证据网络的多源不确定信息推理方法、多源不确定信息推理技术展望。

本书可供从事信息融合、推理决策、模式识别、人工智能、信息处理、指挥控制等专业的科技人员阅读和参考,也可作为上述专业的本科生或研究生教材,还可为从事雷达、光学传感器、导航、智慧交通、自动驾驶、传感器网络等领域的科技工作者提供指导。

图书在版编目(CIP)数据

多源不确定信息推理技术 / 郭强,潘新龙,唐田田著. —北京:电子工业出版社,2023.3
ISBN 978-7-121-45242-0

Ⅰ. ①多⋯ Ⅱ. ①郭⋯ ②潘⋯ ③唐⋯ Ⅲ. ①信息处理-研究 Ⅳ. ①TP391

中国国家版本馆 CIP 数据核字(2023)第 045345 号

责任编辑:李筱雅
印　　刷:北京虎彩文化传播有限公司
装　　订:北京虎彩文化传播有限公司
出版发行:电子工业出版社
　　　　　北京市海淀区万寿路 173 信箱　　邮编:100036
开　　本:720×1 000　1/16　印张:10.25　字数:168 千字
版　　次:2023 年 3 月第 1 版
印　　次:2023 年 3 月第 1 次印刷
定　　价:92.00 元

凡所购买电子工业出版社图书有缺损问题,请向购买书店调换。若书店售缺,请与本社发行部联系,联系及邮购电话:(010)88254888,88258888。
质量投诉请发邮件至 zlts@phei.com.cn,盗版侵权举报请发邮件至 dbqq@phei.com.cn。
本书咨询联系方式:lixy@phei.com.cn,(010)88254134。

前　言

多源不确定信息推理技术作为信息处理与人工智能等多学科交叉融合的高层次共性关键技术，是信息融合理论的重要组成部分。多源不确定信息推理技术可以将多传感器的不确定信息转化为证据，并进行基于证据组合规则的融合推理，因此避免了由专家意见不一致、噪声干扰等原因导致的信息不确定性对推理融合结果的影响，提高了自动识别、态势评估、故障诊断等智能推理系统的稳定性和可靠性。自 20 世纪 90 年代以来，其得到了国内外的广泛关注，并在军事和国民经济各领域得到了应用。

我们在山东省自然科学基金"面向海上安全监测的多传感器信息融合技术研究"（No. ZR2020QF010）等多个项目的支持下，对多源不确定信息推理技术开展了十余年的研究，在基础理论研究方面取得了一定的进展。本书是对作者研究成果的总结和升华，较全面、系统地向读者介绍了多源不确定信息推理技术的发展情况和最新研究成果，以期为国内同行提供进一步从事这一领域理论研究和实际应用的基础。

本书共 7 章，第 1 章为概述，介绍多源不确定信息推理技术的研究意义、研究现状和面临的挑战，以便使读者对多源不确定信息推理技术的背景知识有一个较全面、基本的了解；第 2 章为多源不确定信息推理技术的数学基础，目的是为读者提供学习本书后续研究的理论基础；第 3 章为基于多源不确定信息推理的雷达融合识别，以雷达融合识别应用背景为切入点，介绍多源不确定信息推理应用于实际工程背景的方法步骤，目的是使读者更快地理解使用多源不确定信息推理技术解决实际问题的方法，增加本书的易读性；第 4 章为 DSmT-DS 多源不确定信息推理方法，针对随着推理问题的框架中焦元数量的线性增多，DSmT 框架下的PCR5 规则运算量呈指数级剧增的问题，研究两种不同超幂集下的快速DSmT-DS 多源不确定信息推理方法，为读者提供一种可降低 DSmT 框架下 PCR5 规则计算复杂度的解决思路；第 5 章为基于证据聚类和凸函数分析的 DSmT 多源不确定信息推理方法，通过对 DSmT 框架下的 PCR5 规则和 PCR6 规则进行数学分析，研究两种与其他近似推理方法相比精度更高，但计算复杂度较低的多源不确定信息推理方法，为读者进行多源不确定信息近似推理算法的研究提供一些借鉴参考；第 6 章为基于条件证据网络的多源不确定信息推理方法，针对证据组合规则无法对不同识别框架下的多源不确定信息进行有效推理的问题，通过态势评估应用实例，给出基于条件证据网络的多源不确定信息推理方法的详细步骤，并分析方法的优越性，为读者进行不同识别框架下的多源不确定信息推理提供一些借鉴参考；第 7 章为多源不确定信息推理技术展望。

本书由郭强博士执笔并完成大部分统稿工作，由潘新龙博士、唐田田讲师进行小部分编写和统稿工作。

多源不确定信息推理技术正处在迅速发展的阶段，本书难以对这些发展做出统揽无余的介绍。为此，我们在本书最后指出多源不确定信息推理技术一些重要的发展方向。我们热切地希望这本专著可以帮助相关专业的学生和技术人员学习、应用与研究多源不确定信息推理技术。

在本书出版之际，我在此由衷感谢我的恩师何友院士、师母潘丽娜教授，导师和师母的高尚品格、渊博学识、求真务实、严谨治教，像一盏不灭的明灯，不仅为我点亮了探索求真的道路，更给了我无尽的温暖和力量，使我有勇气不断前行。

我在此由衷感谢海军航空大学的黄晓东教授、关欣教授、刘瑜教授、王国宏教授、张立民教授、关键教授、熊伟教授、王海鹏教授、董云龙教授、毛忠阳教授、晋玉强副教授、刘勇副教授、刘传辉副院长、刘猛干事，东南大学的李新德教授，西北工业大学的刘准钇教授、蒋雯教授，空军预警学院的金宏斌教授等多位恩师前辈多年来对我科学研究工作给予的悉心指导、殷切关心和无私帮助。

我在此由衷感谢山东省科技厅基础研究处赵文彬副处长、张骏副处长等多位领导对我多年来进行的基础科学研究的指导和支持，这与我科学研究的顺利开展是密不可分的。

我在此由衷感谢烟台大学的段培永校长，人事处成强处长、余志鹏科长,计算机与控制工程学院童向荣院长、段昕党总支书记、王莹洁副院长、马文明副院长、刘兆伟教授,以及我的多年挚交好友党委组织部陈伟主任等多位领导在我完成本书期间给予的鼓励和支持。

怀念我的父亲郭新江先生,感恩我的母亲于连华女士在生活中不辞辛苦,给予了我无微不至的关心和照顾,这些都是我完成本书的基础。

同时,感谢电子工业出版社的李筱雅编辑对本书按期高质量出版的辛勤付出。

由于本人水平有限,书中难免有错漏之处,敬请广大读者批评指正。本人联系方式如下。

联系人:郭强;

联系地址:山东省烟台市莱山区清泉路 30 号烟台大学计算机与控制工程学院;

E-mail:guoqiang@ytu.edu.cn。

郭强

2023 年于烟台大学

目　录

第 1 章
概　述

1.1 引言

本章对多源不确定信息推理技术的研究意义、研究现状以及面临的挑战进行简要阐述，以期读者能够了解多源不确定信息推理技术的研究背景，并引出本书所研究方法可解决的主要问题。

1.2 多源不确定信息推理技术的研究意义

电子、信息、计算机技术的迅猛发展，以及各种面向复杂任务的大型智能信息决策系统的不断出现，对如何高效利用、集成处理多源同类传感器或多源异类传感器的观测信息以提高信息决策系统的自动化水平和可靠度提出了更高的要求[1]。多源不确定信息推理技术是一项针对使用多个传感器的系统而发展的新学科和共性关键技术，其过程是综合应用多种数学手段和技术工具，将执行同一任务或相关任务的多个传感器（或信息源）采集的不完整、不精确信息在一定的规则下加以自动分析、综合、优化和计算，从而得到可靠决策或估计结果的信息处理过程。

在大型智能信息决策系统中，多源不确定信息通常是指复杂系统中不同传感器、不同时刻、不同位置、不同环境影响及不同格式的多源数据描述。这些多源数据本身存在不同程度的不确定性，如果要从这些多源不确定信息中得到准确的推理决策结果，就需要采用合理、有效的多源不确定信息推理方法，将复杂信息决策系统中不同不确定程度的多源不确定信息进行有效的推理融合。

1.3　多源不确定信息推理技术的研究现状

证据推理理论作为有效处理多源不确定信息推理的数学工具，不仅其理论研究得到了研究者的广泛关注，而且其应用领域也日益丰富。本节主要介绍基于证据推理理论框架的多源不确定推理方法的两种理论，以及解决不同识别框架下多源不确定信息推理问题的证据网络。本节首先介绍较早出现的 D-S 证据理论（DST），其次介绍近年来解决证据理论局限性的研究方法中具有代表性的 Dezert-Smarandache 理论（DSmT），最后介绍证据推理理论框架下解决不同识别框架下多源不确定信息推理问题的证据网络。

1.3.1　D-S 证据理论

D-S 证据理论[2]由 Dempster 和 Shafer 提出和发展起来，是最早的以证据为基础的不确定推理数学理论和工具。D-S 证据理论相比于概率论，不用借助先验知识进行推理，而且能对观测信息由噪声或干扰引起的不确定情况，以及由领域知识不完善造成的未知情况进行区分。信任函数和似然函数在 D-S 证据理论框架下的推理过程中起到了重要作用，这两个函数值的区间为[0,1]，表明了决策结果从绝对信任度到可能信任度的不确定取值范围。D-S 证据理论还使用 Dempster 组合规则对相同识别框架下的不同证据信息进行推理融合，从而得到推理融合结果。

利用 D-S 证据理论进行多源不确定信息推理，主要包含以下 3 个步骤。

（1）通过观测数据求出幂集空间上各焦元的基本概率赋值，即证据建模。

（2）利用 Dempster 组合规则对证据进行组合，得到推理融合结果。

（3）对推理融合结果进行分析，得到决策结果。

在应用方面，D-S 证据理论在专家系统、检测、分类、目标融合识别、遥感图像、故障诊断等多个领域都取得了很好的应用效果[3]。

虽然 D-S 证据理论有诸多优点，但它仍存在 3 个需要继续深入研究的问题，具体如下。

（1）如何实现有效合理的证据建模。生成正确合理的基本概率赋值是应用 D-S 证据理论的基础，直接关系到经 Dempster 组合规则得到的推理融合结果的准确度。

文献[4]基于构建的规则提出通过比对观测信息识别结果的概率向量与各类别理想的投注概率向量间的距离，得到各单子焦元和全局未知焦元的基本概率赋值；而文献[5]同样根据这些规则提出通过得到合理的各类别的白化权函数[6]进行证据建模；文献[7]通过扩展信任函数的相容性关系，建立了一种通用的证据建模方法，但是该方法要求准确获取识别框架中所有元素的相似性参数；文献[8]扩展了标准 K 近邻分类法，通过传感器的观测信息与每个近邻的欧氏距离构建简单的关于单子焦元与全局未知焦元的基本概率赋值函数，但其中较多参数需要凭经验值获取；文献[9-11]对文献[8]的方法进行了优化和改进，分别给出了更合理的参数获取方法，并提高了识别速度，但均仅对单子焦元和全局未知焦元进行基本概率赋值；文献[12]提出了一种类模糊 C 均值证据聚类方法，但该方法潜在的焦元数量非常多，且计算中心矢量特征还缺少合理的解释。文献[13]更详细地论述了证据建模研究的进展，这些方法均在各自的适用环境下有一些优点，但并没有一种方法可以适用于任何信息环境，所以针对特定的信息环境给出合理的且有助于减小融合计算复杂度的证据建模方法是一个非常有价值的工作。

（2）如何降低 D-S 证据理论的证据组合的计算复杂度。由于所考虑的融合问题中幂集空间的焦元数量随着单子焦元的线性增多呈指数级增长，因此其计算复杂度急剧增加，无法适用于信息量非常巨大的遥感图像融合、分布式系统等对实时性要求非常高的环境。

针对这种情况，文献[14]对置信函数进行近似的定性分析和定量分析，提出了最优近似算法，并给出了基于遗传算法的一步近似和多步近似的快速近似算法；文献[15]利用证据的平均能量函数在幂集空间的备选焦元中选择焦元参加融合过程，并对参加融合的焦元的基本概率赋值进行重新分配，降低了证据推理的计算复杂度；文献[16]对截断 D-S 证据组合方法进行了改进，给出了新的选择焦元的标准，提高了基于基本概率赋值函数进行决策的精确度。

（3）如何解决在运用 Dempster 组合规则对高冲突证据信息进行组合时容易产生与常识不符的推理融合结果的问题。

该问题首先由 Zadeh[17]提出。Yager 提出将 Dempster 组合规则中形成的冲突的基本概率赋值赋予鉴别框架的未知项，由于不需要归一化的过程，故 Yager 组合方法可以得到稳健的组合结果。Dubios 和 Prade[18]提出 Yager 组合方法过于保守，并将冲突的基本概率赋值赋予冲突焦元的并集，但该方法与 Yager 组合方法一样，均不满足结合律，需要确定证据组合的顺序以保证推理融合结果的正确性。Smets[19-21]提出融合问题的鉴别框架应该分为开放世界假设和封闭世界假设两种概念。传统的 D-S 证据理论均在封闭世界假设下，即鉴别框架包含所有可能发生的命题。开放世界假设是指，由于认知有限，鉴别框架无法穷尽所有可能发生的命题，而当传感器的观测信息处于高冲突状态时，鉴别框架应被认为处于封闭世界假设中。Smets 提出采用证据组合规则得到推理融合结果，采用赌博概率转换将基本概率赋值转换为赌博概率进行决策，并将这种方法称为可传递基本概率赋值模型（TBM 模型）。但目前，并没有研究将开放世界假设与处理高冲突证据信息的情况相统一。Lefevre[22]对前人提出的方法进行研究和总结，认为这些方法可以统一在一种形式下，并得出了统一的方法。但关于最佳的证据组合规则仍然存在较大的争议，Haenni[23]并不认同 Lefevre 的方法，并提出当存在冲突证据时，应当修改其模型，而不是对组合规则进行修改。文献[24]借鉴修改模型的思路提出了一种新的组合方法。文献[25]通过引入证据距离[26]确定证据的权重，提出了基于权重的证据平均组合方法。Elouedi[27]等人同样在 TBM 框架下对证据源（传感器）进行可靠性评估。文献[28]针对文献[27]方法的不足，提出了对观测信息静态特性和动态特性进行分析的证据融合方法。Dezert-Smarandache 理论（DSmT）[29-33]是证据推理理论中一个崭新的且较为完善的理论，将在 1.3.2 节详细介绍。国内许多学者也对冲突证据推理融合做了许多的研究工作，如潘泉[34]、李新德[35]、关欣[36]、金宏斌[37,38]、何兵[39]、王壮[40]、胡丽芳[41,42]等。

1.3.2 DSmT

DSmT（Dezert-Smarandache Theory）[43]是由法国航空航天实验室的 Dezert 博士和美国新墨西哥大学的 Smarandache 教授提出的一种组合不确定、不精确和具有自相矛盾信息的证据推理理论，并分别于 2004 年[30]、2006 年[31]、2009 年[32]、2015 年[33]由 Dezert 和 Smarandache 收集与整理关于 DSmT 的最新研究进展，连续出版了四版 *Advances and Applications of DSmT for Information Fusion* 学术文集，在这四版学术文集中，收录了 DSmT 的研究进展及应用方面的扩展，从每版学术文集收录的文章来看，DSmT 不断完善，并且已经成功应用于雷达目标融合识别[38]、机器人环境感知[44,45]、图像处理[46]、辅助决策[47]、目标类型跟踪[48,49]、声呐图像[50]、数据分类[51-53]、聚类[54,55]、敌我识别[56]、故障诊断[57]等多个领域。国内的两位学者与 Dezert 和 Smarandache 一直有着密切的学术交流和合作，他们分别是东南大学的李新德教授和西北工业大学的刘准钆教授，他们对 DSmT 的理论和应用发展做出了积极的贡献，而且都参与了 DSmT 学术文集多个章节的编写，黄心汉教授与李新德教授还将第一版 DSmT 学术文集进行了翻译并出版。

DSmT 与 D-S 证据理论具有显著差异，它摒弃了 D-S 证据理论框架下 Shafer 模型对框架元素互斥的要求，对融合问题的框架中各命题之间的模糊交界进行了建模，并提出可以对高冲突证据进行更加有效推理融合的规则，避免了悖论推理融合结果的产生。当证据源或传感器存在高冲突信息时，或框架各元素存在模糊交界时，DSmT 发挥了其特有的优势。

DSmT 建立在识别框架 Θ 的超幂集 D^Θ 上，D^Θ 由交算子和并算子对

识别框架 Θ 中的各元素进行操作得到。假设所考虑问题的识别框架为 $\Theta = \{\theta_1, \theta_2, \theta_3\}$。DSmT 的识别框架模型分为自由 DSm 模型和混合 DSm 模型。

在自由 DSm 模型情况下，超幂集 D^Θ 中所有交多子焦元均非空，则其超幂集 D^Θ 的维恩图如图 1-1 所示，下标数字 i 代表该部分仅属于 θ_i，下标数字 ij 代表该部分仅属于 $\theta_i \bigcap \theta_j$，下标数字 ijk 代表该部分仅属于 $\theta_i \bigcap \theta_j \bigcap \theta_k$，各个部分的并集也属于超幂集 D^Θ。这里的元素相交的边界是由命题 θ_i 的模糊、相对甚至不确定的本质属性所决定的，为各元素的重叠部分。

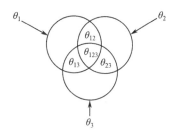

图 1-1　自由 DSm 模型情况下 D^Θ 的维恩图

在混合 DSm 模型情况下，所考虑问题的识别框架中一些命题不存在模糊交界，即部分焦元互斥、部分焦元重叠，假设所考虑问题的识别框架为 $\Theta = \{\theta_1, \theta_2, \theta_3\}$，$\theta_1 \bigcap \theta_3 = \varnothing$，则其超幂集 D^Θ 的维恩图如图 1-2 所示。

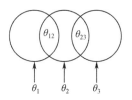

图 1-2　混合 DSm 模型情况下 D^Θ 的维恩图

Dezert 和 Smarandache 又相继提出了比例冲突分配规则 1～6（PCR1～PCR 6）[58,59]，这些规则对多源不确定证据组合过程中形成的冲突的基本概率进行赋值，并将这些值重新按照比例赋给了冲突形成过程中涉及的各焦元。根据比例方式的不同，比例冲突分配规则有 6 种不同形式，这里需要强调的是，PCR6 是特别针对证据源大于 2 情况下的多源证据推理规则，当证据源等于 2 时，PCR6 与 PCR5 等效。PCR1～PCR6 的不同主要在于冲突比例再分配形式的不同，PCR5 被认为是 PCR1～PCR5 中在数学上最精确的二源不确定证据冲突再分配方法。本书将在第 2 章对 PCR5 及 PCR6 的规则进行简要介绍，这里不再赘述。

虽然 DSmT 与 D-S 证据理论相比有很多优点，但是 DSmT 有一个非常严重的问题：随着框架中元素数量的线性增多，其组合规则的推理运算呈指数级增长。近年来，许多学者在降低 DSmT 模型下的组合规则运算复杂度方面提出了许多重要的方法，这些方法可以归纳为 3 个方面。

（1）减少参与融合的焦元数量。

Djiknavorian[60]提出了一种新的方法，并编写了 MATLAB 程序来降低 DSmT 混合规则的计算复杂度；Martin[61]通过在初始的超幂集中加入约束，对超幂集进行降维，提出了一种新的维恩图编码方法来降低后续 DSmT 组合规则的计算复杂度；Abbas[62,63]通过减少组合运算过程中的焦元数量，提出了一种基于 DSmT 的多类目标分类器。

（2）减少参与融合的证据源数量。

李新德[64]通过计算多源证据的距离来估计证据的重要度，对小于重要度门限的证据源进行预先去除，以减小 DSmT 混合规则的计算复杂度，并提出了基于相似度度量的 DSmT 快速组合方法。

（3）改进 DSmT 框架下的比例冲突分配规则。

文献[65-67]分别提出了多种方法对 DSmT 框架中的 PCR5 规则进行改进，通过二叉树或三叉树方法对超幂集中的焦元进行分类，并提出了多子焦元的解耦方法，将该方法分别应用于超幂集中仅单子焦元存在，以及多子焦元和单子焦元混合存在的情况，取得了较好的效果。

但是，以上这些方法仍然无法从根本上给出一个在数学上更加精确且计算复杂度低的 DSmT 近似推理融合方法。尤其是对于在 DSmT 的应用中最常用的 PCR5 规则和 PCR6 规则，在二源冲突证据的情况下，文献[65-67]方法的推理融合结果与 DSmT 框架下的 PCR5 推理融合结果的相似度随着证据冲突程度的增加而急剧降低，而经查阅参考文献，仍未找到对 PCR6 规则进行近似计算研究的工作。PCR6 规则针对的是证据源多于二源证据的推理组合方法，与 PCR5 规则相比更加复杂，而证据源多于二源证据情况的证据推理融合在实际应用中广泛存在，因此对 PCR6 规则进行有效的近似优化在实际中是迫切需要的。本书针对以上两个问题，研究了计算复杂度较低、推理融合结果相似度较高的 DSmT 推理融合方法。

1.3.3　证据网络

为了解决多源异类知识框架下的不确定性信息推理问题，基于网络模型的知识表示和不确定推理方法得到了广泛的研究[68,69]。研究者利用贝叶斯网络（BN）[70]将不确定性先验知识以先验概率和条件概率的形式进行表示，并将网络中的各异类传感器组成有向无环图的网络知识结构，进行不确定信息的推理，其已在故障诊断、专家系统、评估预测、军事系统等领域得到广泛应用[71-77]。但是，贝叶斯网络只能处理符合贝叶斯信度的精确证据，无法区分不知道和不确定的知识，为不确定性推理带来了一定的局限。研究者利用价值网络（VN）[78]提出了新的处理不确定性知识的方法，该方法通过边缘化和组合两种手段，对不同框架下的信息进行转换，取得了很好的效果[79]，但是由于该方法的价值评价以不同框架笛卡儿乘积的联合信度函数为基础，所以对于复杂的网络模型，需要很大的存储空间和运算量，推理效率较低。文献[80]提出了条件证据网络的概念，将知识网络结构中变量的关系用条件基本概率赋值函数取代联合条件概率赋值函数，对比基于联合条件概率赋值函数的证据网络模型，基于条件基本概率赋值函数的证据网络模型对知识表示的存储空间更小，且知识推理的计算量更小。例如，假设存在变量 X 和 Y，若用条件基本概率赋值函数表示知识的全貌，则最多需要 $2^{|\Theta_X + \Theta_Y|}$ 个值的存储空间；而若用联合条件概率赋值函数表示知识的全貌，则需要 $2^{|\Theta_X \times \Theta_Y|}$ 个值的存储空间，而不同推理方法的推理运算量与存储空间的大小成正比[81]。

文献[82,83]基于定性马尔可夫树理论对证据网络进行分析，并给出了相关解释。文献[81,84,85]提出了带条件基本概率赋值函数的直向信度网络的概念，并提出了条件证据网络的正向推理依据和反向推理依据，即GBT 准则和 DRC 准则。文献[86]提出了基于证据网络的工作满意度评价方法。文献[87-91]分析了贝叶斯网络和证据理论的关系，提出了新的解决不确定网络化推理问题的方法。文献[92]设计了一个综合多种推理算法并融合到证据网络模型中的推理工具。此外，证据网络在威胁等级评估[93]、控制[94]、敌我识别[95]、航天系统安全性分析[96]等应用领域取得了较好的效果。

1.4　多源不确定信息推理技术面临的挑战

现阶段，随着信息科学技术的不断发展及工业水平的不断进步，信息感知环境日益复杂，信息感知手段多种多样，而人们对复杂环境下海量多源信息感知的要求也在不断提高，针对多源不确定信息推理的研究取得了飞速发展，但也面临着一些新的问题[36]，如下。

（1）如何优化大型智能信息决策系统的复杂层次结构，使得各传感器之间相互协作，并使系统处于最佳状态。

（2）如何处理由观测目标本身及传感器在探测过程中受到外界施加的噪声影响引起的信息不确定性。

（3）如何解决对由专家意见不一致或观测受噪声影响等造成的高冲突不确定信息进行证据推理容易产生悖论的问题。

（4）如何对多传感器系统的异类传感器收集到的异类信息进行有效的推理融合，给出一致的理解和更抽象（上层）的态势信息。

（5）如何解决复杂传感器网络中精确、实时应用的问题。

本书在证据推理的理论框架中，对上述问题（3）和问题（4）进行深入的研究与探索。首先，对不同的证据推理方法（D-S 证据理论和 DSmT）进行对比分析，并研究一种基于云模型、DSm 证据建模及 DSmT 推理的雷达辐射源融合识别方法，验证 DSmT 作为推理方法解决实际问题相比于 D-S 证据理论的优越性；其次，针对 DSmT 的主要问题，即随着焦元和信息源数量的线性增多，计算量呈指数级增长的问题，研究了 DSmT 近似推理融合方法，这些方法在仅需要较小计算量的前提下，保持了较高的计算精度；最后，针对证据组合规则无法推理不同识别框架下多源不确定信息的问题，给出了基于条件证据网络的多源不确定信息推理方法，可对传感器网络中的异类信息进行有效的推理，得到准确的态势信息。本书的研究内容，不仅是对基于证据推理的多源不确定信息推理方法基础理论研究的进一步深化，而且可以促进多源不确定信息推理技术在故障诊断系统、智能机器人、辅助决策、预警探测等系统中得到广泛应用，本书的研究成果具有一定的理论指导意义和工程实践价值。

1.5 本章小结

本章对多源不确定信息推理研究背景进行了概述，并引出了本书研究成果可解决的主要问题，后续章节将围绕基础理论和笔者近年来研究的多源不确定信息推理方法的几个主要部分进行介绍，以期为读者提供一定的多源不确定信息推理研究的借鉴和参考。

第 2 章
多源不确定信息推理技术的
数学基础

2.1 引言

本章整理了多位前辈学者提出的关于多源不确定信息推理的部分基础概念，以及本书后续论述中涉及的数学分析的相关理论基础，分别为证据理论中的识别框架、幂集、超幂集、基本概率赋值、证据及证据建模、证据推理规则，数学分析理论中的凸函数、泰勒公式，以及证据网络理论中的条件证据网络模型和推理规则，可以作为读者阅读和学习本书后续章节技术的数学基础。

2.2 识别框架

在证据理论中，识别框架[2]是所考察和判断的事物或对象的集合，也是证据理论进行不确定信息处理的载体，记为 Θ，该集合包括某一事物认知范围内的所有可能答案，可表示为 $\Theta=\{\theta_1,\theta_2,\cdots,\theta_n\}$，其中 $\theta_i(i=1,2,\cdots,n)$ 代表 Θ 中的每个元素或事件，所有元素或事件均两两互斥、相互独立，$\Theta=\{\theta_1,\theta_2,\cdots,\theta_n\}$ 是一个含有 n 个穷举元素的有限集。若 Θ 是一个开集，则可以向其中加入一个闭集元素 θ_{n+1}，在新的闭合框架 $\Theta=\{\theta_1,\theta_2,\cdots,\theta_n,\theta_{n+1}\}$ 下进行推理。因此，$\Theta=\{\theta_1,\theta_2,\cdots,\theta_n\}$ 通常被定义为含有 n 个穷举元素的有限闭集。

例如，假设我们考察某食堂供应的水果的问题，根据往年的经验和供应商的方案，我们得知某食堂可供应的水果有且仅有苹果、香蕉、梨、火龙果、圣女果、哈密瓜、西瓜，则该问题的识别框架 Θ 可表示为 $\Theta=\{苹果,香蕉,梨,火龙果,圣女果,哈密瓜,西瓜\}$，识别框架 Θ 中的每个元素均两两互斥、相互独立。当供应商不发生变化时，该识别框架

$\varTheta$ 为有限闭集；当供应商发生变化时，假设新增了芒果，则可以向原识别框架 $\varTheta$ 中增加元素芒果，得到新的有限闭集作为新的识别框架 $\varTheta =$ {苹果, 香蕉, 梨, 火龙果, 圣女果, 哈密瓜, 西瓜, 芒果}。

值得注意的是，元素取值可能是连续的区间，也可能是离散的数值。本书后续章节将使用离散取值元素的识别框架来描述某一事物认知范围内的所有可能答案，为了计算方便，可将连续的空间离散化，映射成离散的数值作为识别框架中元素的取值。

2.3　幂集

本书涉及不确定推理技术的两种集合，分别为 D-S 证据理论的幂集[2]和 DSmT 的超幂集[29]，这两种集合的适用场景不同，在两种集合上推理问题的方法也不同，需要进行区分，这两种集合均属于广义幂集 $G^{\varTheta}$ 的一种。

D-S 证据理论的 Shafer 模型要求识别框架 $\varTheta$ 中的各元素互斥[2]。给定一个包含 n 个穷举元素的有限集（识别框架） $\varTheta = \{\theta_1, \theta_2, \cdots, \theta_n\}$，则集合 $\varTheta$ 的幂集记为 $2^{\varTheta}$，幂集 $2^{\varTheta}$ 为识别框架 $\varTheta$ 中全部子集的集合，即幂集 $2^{\varTheta}$ 仅由识别框架 $\varTheta$ 通过并集运算（$\bigcup$）生成一个包含所有命题或子集的集合，其定义如下。

（1） $\varnothing, \theta_1, \theta_2, \cdots, \theta_n \in 2^{\varTheta}$。

（2）如果 $A, B \in 2^{\varTheta}$，那么 $A \bigcup B \in 2^{\varTheta}$。

（3）除了由定义（1）和定义（2）得到的元素，$2^{\varTheta}$ 不包含其他元素。其中，n 代表 $\varTheta$ 中元素的个数，$i \in \{1, 2, \cdots, n\}$ 代表 $\varTheta$ 中元素的序号，θ_i 代表 $\varTheta$ 中的一个元素，A 和 B 代表 $\varTheta$ 中的某一个元素及元素的并集，这里需要注意的是，D-S 证据理论的识别框架 $\varTheta$ 中各元素互斥，即 $\theta_i \bigcap \theta_j = \varnothing$，$i \neq j$。

例如，如果推理问题的识别框架 $\varTheta$ 中有 3 个互斥的元素，记为

$\Theta = \{\theta_1, \theta_2, \theta_3\}$，识别框架 Θ 的维恩图（一）如图 2-1 所示，那么从维恩图中我们可以看出识别框架 Θ 中的 3 个元素互斥，不存在相互重叠、边界不清的部分，故识别框架 Θ 的幂集 2^Θ 表示为 $2^\Theta = \{\varnothing, \theta_1, \theta_2, \theta_3, \theta_1 \cup \theta_2, \theta_1 \cup \theta_3, \theta_2 \cup \theta_3, \theta_1 \cup \theta_2 \cup \theta_3\}$，其中，$\theta_1 \cup \theta_2$ 表示由于知识的匮乏，无法判断元素是 θ_1 还是 θ_2，但是能肯定元素是这两个数值中的一个，元素间的并集表示由于知识的匮乏我们无法判断系统的确切状态，而 $\theta_1 \cup \theta_2 \cup \theta_3$ 表示我们完全不知道某未知元素是识别框架中的哪个元素，即完全无知的状态。

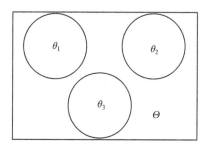

图 2-1　识别框架 Θ 的维恩图（一）

2.4　超幂集

DSmT 框架中的 DSm 模型与 D-S 证据理论框架中的 Shafer 模型不同，DSm 模型允许识别框架中的各元素之间存在重叠关系，即 $\theta_i \cap \theta_j \neq \varnothing$，$i \neq j$。给定一个包含 n 个穷举元素的有限集（识别框架）$\Theta = \{\theta_1, \theta_2, \cdots, \theta_n\}$，则集合 Θ 的超幂集记为 D^Θ，其超幂集 D^Θ 为识别框架 Θ 中所有元素通过并集运算（$\cup$）和交集运算（$\cap$）构成的合成子集的集合[8]，其定义如下。

（1）$\varnothing, \theta_1, \theta_2, \cdots, \theta_n \in D^\Theta$。

（2）如果 $A, B \in D^\Theta$，那么 $A \cap B \in D^\Theta$ 且 $A \cup B \in D^\Theta$。

（3）除了由定义（1）和定义（2）得到的元素，D^Θ 不包含其他元素。其中，n 代表 Θ 中元素的个数，$i \in \{1, 2, \cdots, n\}$ 代表 Θ 中元素的序号，θ_i 代

表 Θ 中的一个元素，A 和 B 代表 Θ 中的某一个元素及元素的并集或交集，这里需要注意的是，DSmT 的识别框架 Θ 中各元素允许重叠，即 $\theta_i \bigcap \theta_j \neq \varnothing$，$i \neq j$。

例如，假设推理问题的识别框架 Θ 中有两个互相重叠的元素，记为 $\Theta = \{\theta_1, \theta_2\}$，识别框架 Θ 的维恩图（二）如图 2-2 所示。从维恩图中我们可以看出识别框架 Θ 中的两个元素相互重叠，存在边界不清的模糊部分 $\theta_1 \bigcap \theta_2$，故识别框架 Θ 的超幂集 D^Θ 表示为 $D^\Theta = \{\varnothing, \theta_1, \theta_2, \theta_1 \bigcup \theta_2, \theta_1 \bigcap \theta_2\}$。其中，$\theta_1 \bigcup \theta_2$ 表示由于知识的匮乏，无法判断元素是 θ_1 还是 θ_2，但是能肯定元素是这两个数值中的一个，元素间的并集表示由于知识的匮乏无法判断系统的确切状态，而 $\theta_1 \bigcap \theta_2$ 表示识别框架中的元素相互重叠、边界不清，属于元素相互重叠的模糊部分，此时无法判断元素是 θ_1 还是 θ_2，但是能肯定元素是 θ_1 和 θ_2 重叠的部分。

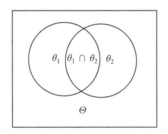

图 2-2   识别框架 Θ 的维恩图（二）

2.5   基本概率赋值

基本概率赋值是指幂集或超幂集在 $[0,1]$ 上的映射函数，即将变量在幂集或超幂集上的所有可能取值一一映射为 $[0,1]$ 上的一个数值，该数值代表变量取幂集或超幂集上某一个值的概率，因为本书基于封闭世界假设，即认为识别框架是完备的，不存在未知元素，即使存在未知元素也可将未知元素设为某个元素，并定义其基本概率赋值，所以空集的基本概率赋值为 0。关于基于开放世界假设的理论请读者参考其他相关论著。

假设有一个识别框架 $\Theta = \{\theta_1, \theta_2, \cdots, \theta_n\}$，则赋值 $m: G^\Theta \to [0,1]$ 是一个基本概率赋值，当且仅当满足以下条件[2]：

$$m(X_i) = 0, \quad X_i = \varnothing \tag{2-1}$$

$$\sum_{X_i \in \Theta} m(X_i) = 1 \tag{2-2}$$

其中，当且仅当 $m(X_i) > 0$ 时，元素 X_i 为焦元，即广义幂集空间中基本概率赋值大于 0 的元素被称为焦元。特别地，当焦元为单元素时，该基本概率赋值为贝叶斯质量（Bayesian Mass）函数，因此，概率论只是证据理论中的一种特殊情况。

当焦元 X_i 为单元素或多元素时，$m(X_i)$ 均表示对于 X_i 的信任程度；不同之处在于，在多元素并集的情况下，对于元素之间的信任程度是未知的，$m(X_i)$ 仅表示对于多元素并集整体的信任程度。例如，焦元 X_i 由 $(\theta_1, \theta_2, \theta_3)$ 组成，对焦元 X_i 进行基本概率赋值，即 $m(X_i) = 0.6$，我们无法确定这个 0.6 的信任程度是如何在 θ_1、θ_2、θ_3 这 3 个元素之间分配的，则当证据无法区分元素时，对多元素的并集进行基本概率赋值，用以表示信任程度；同时可以引申理解的是，假设焦元 X_i 由 Θ 组成，对整个识别框架中所有元素的并集进行基本概率赋值，即 $m(\Theta)$，则 $m(\Theta)$ 表示对整个命题不确定的程度；当 $m(\Theta) = 1$ 时，表示对命题完全不确定。

2.6 证据及证据建模

证据是建立在识别框架、广义幂集、基本概率赋值基础上的，对所考察和判断的事物或对象的不确定信息的描述。假设一个证据是广义幂集及在广义幂集各焦元上的基本概率赋值的二元组，定义为

$$(G^\Theta, m) = \{(A, m(A)): A \in G^\Theta\} \tag{2-3}$$

其中，G^Θ 代表广义幂集，在 D-S 证据理论框架下，为幂集 2^Θ，在 DSmT 框架下，为超幂集 D^Θ；A 代表广义幂集 G^Θ 中的焦元；$m(A)$ 代表焦元 A

上的基本概率赋值。例如，假设某型雷达对某一特定区域进行观测，由于雷达的性能可知，观测到的目标可能是客机、巡逻机、战斗机中的一种，则该问题的识别框架为 $\Theta = \{$客机, 巡逻机, 战斗机$\}$。假设该问题在 D-S 证据理论框架下解决，则其识别框架 Θ 的幂集为

$$2^{\Theta} = \{客机, 巡逻机, 战斗机, 客机 \cup 巡逻机, 巡逻机 \cup 战斗机,$$
$$客机 \cup 战斗机, 客机 \cup 巡逻机 \cup 战斗机\}$$

根据证据的定义，某时刻某型雷达对某一特定区域进行观测，观测数据可转化为证据，即 $(2^{\Theta}, m) = \{(A, m(A)) : A \in 2^{\Theta}\}$，假设通过观测数据分别对幂集 2^{Θ} 中各焦元赋值：$m(客机)=0.1$，$m(巡逻机)=0.3$，$m(战斗机)=0.1$，$m(客机 \cup 巡逻机)=0.2$，$m(巡逻机 \cup 战斗机)=0.2$，$m(客机 \cup 巡逻机 \cup 战斗机)=0.1$，则各焦元与基本概率赋值组成的二元组即为描述该问题的证据。

证据建模是对某一问题广义幂集上各焦元进行基本概率赋值的分配，而基本概率赋值的分配是对解空间的测量数据的不确定性的度量，因此，证据建模的优劣可以用不确定性度量的精确度来衡量。现有的证据建模有很多种类别，如基于统计特性分析的方法、基于专家规则的方法、基于机器学习的方法等，不同的证据建模方法适用于不同的应用领域，这里本书不再一一论述，蒋雯等多位学者做了很多研究，感兴趣的读者可阅读文献[13]、文献[98-100]。

2.7　证据推理规则

2.7.1　Dempster 组合规则

Dempster 组合规则是融合基于 Shafer 模型下多源独立证据的常用方法。Dempster 组合规则如式（2-4）～式（2-5）所示。

$$m_{\mathrm{DS}}(Z) = \frac{1}{1-C} \sum_{X_i \cap X_j = Z, i=j} m_1(X_i) m_2(X_j), \ \forall Z \subset \Theta \quad （2\text{-}4）$$

$$C = \sum_{\substack{X_i, X_j \subseteq \Theta, i \neq j \\ X_i \cap X_j = \varnothing}} m_1(X_i) m_2(X_j) \tag{2-5}$$

其中，$m_1(\bullet)$ 和 $m_2(\bullet)$ 代表两个不同证据源的证据，$m_{DS}(\bullet)$ 代表由 Dempster 组合规则推理后得到的证据，X_i 和 X_j 代表不同证据源证据在识别框架 Θ 中的焦元，Z 代表不同证据源证据的焦元 X_i 和 X_j 相交得到的仍然属于识别框架 Θ 的焦元，C 代表不同证据源证据的焦元相交为空集的基本概率赋值的乘积之和，即所有冲突的基本概率赋值。

由式（2-4）和式（2-5）可以看出，所有冲突的基本概率赋值 C 被重新分配给其他焦元。通常所有冲突的基本概率赋值 C 被定义为冲突因子，用来表达不同证据源之间的冲突程度。对于 $C \in [0,1]$，当 $C = 0$ 时，证据 $m_1(\bullet)$ 和 $m_2(\bullet)$ 对命题的信任程度完全相同，不存在冲突；当 $C = 1$ 时，证据 $m_1(\bullet)$ 和 $m_2(\bullet)$ 对命题的信任程度完全相悖，即完全冲突。当证据存在高冲突时，由于 Dempster 组合规则中存在不恰当的冲突概率赋值重新分配的方法，应用 Dempster 组合规则常常会得出不合理的推理融合结果，为此，许多改进 Dempster 组合规则的推理规则被相继提出，用于解决证据在高冲突情况下推理融合结果不合理的问题，其中包括 DSmT 框架下比例冲突分配规则 1～6（PCR1～PCR6）。

2.7.2　DSmT 框架下的 PCR5 规则

DSmT 具有 6 种比例冲突分配规则 1～6（PCR1～PCR6），各规则的不同主要体现在比例冲突再分配形式上，PCR1～PCR5 这 5 种规则适用于证据源为两个的不确定信息推理融合情况，而 PCR6 规则适用于证据源大于两个的情况，PCR5 规则被认为是 PCR1～PCR5 这 5 种规则中在数学上最精确的比例冲突再分配方法[29,30]。两个独立证据源的 PCR5 规则[29,30]如式（2-6）～式（2-7）所示。

$$m_{1\oplus 2}(X_i) = \sum_{\substack{Y,Z \in G^\Theta \text{and} Y,Z \neq \varnothing \\ Y \cap Z = X_i}} m_1(Y) m_2(Z) \tag{2-6}$$

$m_{\text{PCR5}}(X_i) =$

$$
\begin{cases}
m_{1\oplus2}(X_i) + \displaystyle\sum_{\substack{X_j\in G^{\Theta}\,\text{and}\,i\neq j \\ X_i\cap X_j=\varnothing}} \left[\dfrac{m_1(X_i)^2 m_2(X_j)}{m_1(X_i)+m_2(X_j)} + \dfrac{m_2(X_i)^2 m_1(X_j)}{m_2(X_i)+m_1(X_j)} \right], \\
\hphantom{m_{1\oplus2}(X_i) + \sum} X_i\in G^{\Theta}\,\text{和}\,X_i\neq\varnothing \\[6pt]
0\,,\ X_i=\varnothing
\end{cases}
\tag{2-7}
$$

其中，G^{Θ} 代表广义幂集，若融合问题的识别框架 Θ 分别是 D-S 证据理论的 Shafer 模型和 DSmT 的 DSm 模型，则 G^{Θ} 分别代表幂集 2^{Θ} 和超幂集 D^{Θ}；所有的分式分母均不为 0，若为 0，则该分式记为 0；$m_1(\bullet)$ 和 $m_2(\bullet)$ 代表两个不同证据源证据，$m_{\text{PCR5}}(\bullet)$ 代表由 PCR5 规则推理得到的证据；$m_{1\oplus2}(X_i)$ 代表不同证据源证据的焦元相交后仍属于广义幂集 G^{Θ} 的非空集焦元 X_i 的初步证据组合结果，即两个证据源证据非冲突焦元的基本概率赋值乘积的加和；$\displaystyle\sum_{\substack{X_j\in G^{\Theta}\,\text{and}\,i\neq j \\ X_i\cap X_j=\varnothing}} \left[\dfrac{m_1(X_i)^2 m_2(X_j)}{m_1(X_i)+m_2(X_j)} + \dfrac{m_2(X_i)^2 m_1(X_j)}{m_2(X_i)+m_1(X_j)} \right]$ 代表两个证据源证据中非空集焦元 X_i 与其他焦元形成冲突的基本概率赋值按照比例分配的部分。

然而，PCR5 规则仍然存在许多缺点，本书主要论述其中较为突出的两个缺点。首先，当存在多源证据时，应用适用两个证据源情况的 PCR5 规则进行证据两两融合得到的推理融合结果不满足交换律，即不同证据源证据两两融合的顺序不同会导致不同的推理融合结果，而不同的推理融合结果代表推理融合结果鲁棒性不强、稳定度较低；其次，PCR5 规则的计算复杂度会随着焦元数量的线性增长呈指数增长，致使在实际工程应用中，若所考察问题的识别框架中元素较多，则应用 PCR5 规则的计算代价太大，难以满足工程上实时性的要求。针对 PCR5 规则的这两个缺点，本书第 4 章和第 5 章将展开研究，给出本书提出的研究方法与传统方法的仿真实验对比分析，以证明本书提出的研究方法的有效性。

2.7.3　DSmT 框架下的 PCR6 规则

DSmT 框架下的 PCR5 规则常用于两个证据源证据的推理融合，而针对大于两个证据源情况的多源不确定信息推理融合,如果应用 PCR5 规则进行两两证据融合,那么由于 PCR5 规则不满足交换律,不同的融合顺序会导致不同的推理融合结果,这显然与实际不符。然而 PCR6 规则是 DSmT 框架中针对大于两个证据源情况的推理融合 PCR 规则,当证据源数量为 2 时,PCR5 规则和 PCR6 规则在数学上等价。多个独立证据源的 PCR6 规则[29,30]如式(2-8)～式(2-10)所示。

$$m_{1 \oplus 2 \oplus \cdots \oplus s}(X) = \sum_{\substack{Y_1, Y_2, \cdots, Y_s \in G^\Theta \text{ and } Y_1, Y_2, \cdots, Y_s \neq \varnothing \\ Y_1 \cap Y_2 \cap \cdots \cap Y_s = X}} m_1(Y_1) \times m_2(Y_2) \times \cdots \times m_s(Y_s) \quad (2\text{-}8)$$

$$m_{\text{ConflictTransfer}}(X) =$$

$$\sum_{\substack{Z_1, Z_2, \cdots, Z_{s-1} \in G^\Theta \\ Z_i \neq X, i \in \{1,2,\cdots,s-1\} \\ \left(\bigcap_{i=1}^{s-1} Z_i\right) \cap X = \varnothing}} \sum_{k=1}^{s-1} \sum_{(i_1, i_2, \cdots, i_s) \in P(1,2,\cdots,s)} \left[\begin{array}{c} \left[m_{i_1}(X) + m_{i_2}(X) + \cdots + m_{i_k}(X) \right] \cdot \\ \left[\dfrac{m_{i_1}(X) \times m_{i_2}(X) \times \cdots \times m_{i_k}(X) \times m_{i_{k+1}}(Z_1) \times \cdots \times m_{i_{k+1}}(Z_{s-k})}{m_{i_1}(X) + m_{i_2}(X) + \cdots + m_{i_k}(X) + m_{i_{k+1}}(Z_1) + \cdots + m_{i_{k+1}}(Z_{s-k})} \right] \end{array} \right]$$

$$(2\text{-}9)$$

$$m_{\text{PCR6}}(X) = m_{1 \oplus 2 \oplus \cdots \oplus s}(X) + m_{\text{ConflictTransfer}}(X), X \in G^\Theta \text{ and } X \neq \varnothing \quad (2\text{-}10)$$

其中,G^Θ 代表广义幂集,若融合问题的识别框架 Θ 是 D-S 证据理论的 Shafer 模型或 DSmT 证据推理理论的 DSm 模型,则 G^Θ 代表幂集 2^Θ 或超幂集 D^Θ;且所有的分式分母应不为 0,若为 0,则该分式记为 0;s 代表证据源的个数,$m_1(\bullet), m_2(\bullet), \cdots, m_s(\bullet)$ 代表不同证据源证据的基本概率赋值;$m_{1 \oplus 2 \oplus \cdots \oplus s}(X)$ 代表 s 个不同证据源证据的焦元相交后仍属于广义幂集 G^Θ 的非空集焦元 X 的初步证据组合结果,即 s 个不同证据源证据非冲突焦元的基本概率赋值乘积的加和;$m_{\text{ConflictTransfer}}(X)$ 代表 s 个不同证据源证据中非空集焦元 X 与其他焦元形成冲突的基本概率赋值按照比例分配的部分,$P(1, 2, \cdots, s)$ 代表广义幂集中所有元素的所有序列集合;$m_{\text{PCR6}}(X)$ 代表由 PCR6 规则推理后得到的证据。

2.8　凸函数

本书在近似推理方法的研究论证过程中，用到了凸函数分析的知识，这里对凸函数的数学基础进行简要阐述。

设函数 $f(x)$ 在区间 I 上有定义，若对任意的 $x_1,x_2 \in I$，以及任意的 $t \in (0,1)$，都有

$$f(tx_1 + (1-t)x_2) \leqslant tf(x_1) + (1-t)f(x_2) \tag{2-11}$$

则称 $f(x)$ 为区间 I 上的凸函数；若对任意的 $x_1,x_2 \in I$，以及任意的 $t \in (0,1)$，都有

$$f(tx_1 + (1-t)x_2) < tf(x_1) + (1-t)f(x_2) \tag{2-12}$$

则称 $f(x)$ 为严格凸函数。

我们可以从几何上直观地理解凸函数的特点，假设函数 $f(x)$ 为凸函数，则凸函数 $f(x)$ 任意两点之间的弦（这两点构成的线段）都在该函数图像（此处指这两点之间的函数图像）的上方，如图 2-3 所示。

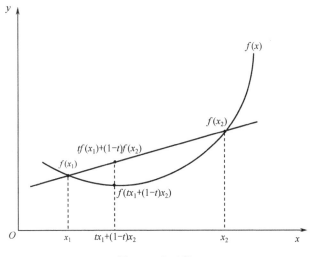

图 2-3　凸函数

凸函数具有非常重要的性质，设 $f(x)$ 在区间 $[a,b]$ 上有定义，则性质如下。

（1）若 $f(x)$ 满足在区间 (a,b) 上可导，则 $f(x)$ 是凸函数的充分必要条件是 $f'(x)$ 在区间 (a,b) 内单调递增。

（2）若 $f(x)$ 满足在区间 (a,b) 上二阶可导，则 $f(x)$ 是凸函数的充分必要条件是 $f''(x) \geqslant 0$。

（3）$f(x)$ 是凸函数的充分必要条件是，对任意的 $x_1, x_2, \cdots, x_n \in [a,b]$，$\sum_{i=1}^{n} t_i = 1$，则

$$f(t_1 x_1 + t_2 x_2 + \cdots + t_n x_n) \leqslant t_1 f(x_1) + t_2 f(x_2) + \cdots + t_n f(x_n) \tag{2-13}$$

2.9　泰勒公式

本书在近似推理方法的研究论证过程中，用到了泰勒公式的知识，这里对泰勒公式的数学基础进行简要阐述。

泰勒公式是数学分析中的重要内容，也是在研究函数极限和估计误差等方面不可或缺的数学工具。如果函数足够光滑，那么在已知函数某一点各阶导数的前提下，泰勒公式可以利用这些导数值作为系数构建一个多项式来近似该函数在这一点的邻域中的值。泰勒公式集中体现了微积分"逼近法"的精髓，在近似计算上有独特的优势，也可以应用于求极限、判断函数极值、求高阶导数在某点的数值、判断广义积分收敛性、近似计算、不等式证明等方面[101]。

若函数 $f(x)$ 在包含某一个值 x_0 的开区间 (a,b) 上具有 $(n+1)$ 阶导数，则对于任意 $x \in (a,b)$，有[102]

$$\begin{aligned}
f(x) = {} & \frac{f(x_0)}{0!} + \frac{f'(x_0)}{1!}(x - x_0) + \frac{f''(x_0)}{2!}(x - x_0)^2 + \cdots + \\
& \frac{f^{(n)}(x_0)}{n!}(x - x_0)^n + R_n(x)
\end{aligned} \tag{2-14}$$

其中，$R_n(x)=\dfrac{f^{(n+1)}(\varepsilon)}{(n+1)!}(x-x_0)^{n+1}$，此处 ε 为 x_0 与 x 之间的某个值。

式（2-14）为函数 $f(x)$ 的 n 阶泰勒公式。函数 $f(x)$ 的 n 次泰勒多项式 $P_n(x)$ 为

$$P_n(x)=f(x_0)+f'(x_0)(x-x_0)+\cdots+\frac{f^{(n)}(x_0)}{n!}(x-x_0)^n \qquad (2\text{-}15)$$

函数 $f(x)$ 的 n 次泰勒多项式 $P_n(x)$ 与 $f(x)$ 的误差为函数 $f(x)$ 的 n 次泰勒多项式的泰勒余项 $R_n(x)$：

$$R_n(x)=\frac{f^{(n+1)}(\varepsilon)}{(n+1)!}(x-x_0)^{n+1} \qquad (2\text{-}16)$$

如果函数 $f(x)$ 的 $(n+1)$ 阶导数在 x_0 的邻域上有界限 M，那么有

$$\lim_{x\to x_0}\left|\frac{R_n(x)}{(x-x_0)^n}\right|\leqslant \lim_{x\to x_0}\frac{M}{(n+1)!}\left|x-x_0\right|=0 \qquad (2\text{-}17)$$

证明对于固定的 x，当 $n\to\infty$ 时，$R_n(x)\to 0$，也就是说，要使 $P_n(x)$ 与 $f(x)$ 的误差尽可能地减小，则可将 $\left|x-x_0\right|$ 尽可能地减小，也可将 n 尽可能地增大。

2.10　条件证据网络模型和推理规则

一个条件证据网络模型如图 2-4 所示，主要由 3 个部分组成，分别是节点、节点之间的有向弧及有向弧上的条件概率赋值。在图 2-4 中，仅给出了从节点 X 到节点 Y 的一个具有因果关系的两节点简单结构，而所有的复杂因果关系是指多个节点的庞大条件证据网络模型均为两节点简单结构的组合，因此本节以两节点简单结构作为条件证据网络模型的示例。

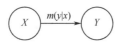

图 2-4　条件证据网络模型

条件概率赋值 $m(y \mid x)$ 为从一个识别框架推理到另一个识别框架的因果关系的概率赋值，其与贝叶斯网络中条件概率的概念有本质区别，条件概率赋值是在证据理论中识别框架的基础上构建的，经证据网络的推理规则得到基本概率赋值，可以应用证据理论中关于基本概率赋值的组合规则进行推理，从而得到推理融合结果，相比于贝叶斯网络，其对于不确定信息的处理更加精确。假设 $m(y = y_j \mid x = x_i) = \lambda$ ， $x_i \in \Theta_X$ ， $y_j \in \Theta_Y$ ，这表示如果节点 X 的变量 x 取 Θ_X 中某一个值 x_i ，那么节点 Y 的变量 y 是 Θ_Y 中某一个值 y_j 的条件概率赋值为 λ 。

以图 2-4 的条件证据网络模型为例，条件证据网络中不同节点的基本概率赋值传递规则如下。

（1）根据节点 X 的基本概率赋值和条件证据网络模型的条件概率赋值，求得节点 Y 的因果概率赋值 $m_{X \to Y}(y)$ ，假设 $x \in \Theta_X$ ， $y \in \Theta_Y$ ，则

$$m_{X \to Y}(y) = \sum_{x \subseteq \Theta_x} m(x)m(y \mid x) \tag{2-18}$$

（2）对节点 Y 的因果概率赋值进行更新：

$$m(y) = m_{X \to Y}(y) \oplus m_0(y) \tag{2-19}$$

其中， $m_{X \to Y}(y)$ 代表由节点 X 传来的因果概率赋值， $m_0(y)$ 代表节点 Y 处于初始状态的基本概率赋值， $\oplus$ 代表证据推理组合规则。

2.11 本章小结

本章对贯穿本书后续章节的重要概念及数学基础进行了简要阐述，即识别框架、幂集、超幂集、基本概率赋值、证据及证据建模、证据推理规则、凸函数、泰勒公式、条件证据网络模型和推理规则，每个概念均在本书后续章节的研究方法中大量使用，理解这些概念是读者阅读和学习本书后续章节技术的基础，但由于篇幅有限，本章并未对所有基础理论进行详细介绍，若读者对此感兴趣，请参考多源不确定信息推理、证据理论相关的经典论著。

第 3 章
基于多源不确定信息推理的
雷达融合识别

3.1 引言

本章以雷达融合识别应用场景为切入口，介绍多源不确定信息推理应用于实际问题的方法步骤。首先介绍雷达辐射源特征参数的统计特性；其次给出基于云模型、DSm 证据建模及 DSmT 推理的雷达辐射源融合识别方法（DSm Cloud 方法）的各个步骤，分别为基于云模型与 DSm 模型的雷达辐射源特征参数隶属度建模、基于隶属度的证据建模和基于 DSmT 的不确定信息推理；最后通过比较几种不同推理方法的蒙特卡罗仿真实验结果，得出本章所研究的推理方法应用于雷达融合识别相较于其他推理方法的优越性。

3.2 雷达辐射源特征参数的统计特性

文献[103]给出了雷达辐射源特征参数先验知识库经验，假设各雷达类的辐射源特征参数各区间值可以近似看作满足均匀分布或高斯分布的随机变量，其中，脉宽各区间值近似满足均匀分布，而载频、重频各区间值均近似满足高斯分布。在实际应用中存在多种独立噪声，假设经过预处理和特征提取后，各种噪声对提取的特征参数的影响都是足够小或是不占优的，则由中心极限定理可知，各种噪声的加和可近似看作一个高斯白噪声。假设辐射源特征参数各区间值近似服从均匀分布或高斯分布，则其与高斯白噪声的加和也可近似看作服从高斯分布。

本章假设雷达辐射源特征参数先验数据库有 5 个雷达类，分别为 $R_1, R_2, \cdots, R_5$，各雷达类的辐射源特征参数类型为脉宽、重频和载频。数据库包括不同雷达类的辐射源特征参数，可能存在相互重叠及同一雷达类可能存在多种工作模式的情况。雷达辐射源特征参数先验统计特征如表 3-1 所示。

表 3-1　雷达辐射源特征参数先验统计特征

编码	雷达类	载频 RF（MHz）	重频 PRI（µs）	脉宽 PW（µs）
1	R_1	[4940,5060] [5240,5360] [5540,5660]	[3680,3750]	[0.7,1.2]
2	R_2	[5000,5220]	[3630,3700]	[0.2,0.5]
3	R_3	[5200,5420]	[3580,3650]	[0.4,0.7]
4	R_4	[5400,5520] [5600,5640]	[3730,3800]	[0.5,0.9]
5	R_5	[5500,5620]	[3490,3600]	[1,1.4]

由表 3-1 所示的雷达辐射源特征参数先验统计特征可知，各雷达类的载频可能为单一区间，也可能为多个区间，分别代表雷达类具有单一模式或多个模式。按照某一雷达类载频的多个区间位次，可定义某一雷达类的多个模式位次，即在表 3-1 中，第 1 类雷达类（R_1）具有 3 个模式，依次对应该雷达类载频的 3 个区间，即载频区间为[4940,5060]的为第 1 类雷达类第 1 个模式，载频区间为[5240,5360]的为第 1 类雷达类第 2 个模式，载频区间为[5540,5660]的为第 1 类雷达类第 3 个模式；第 4 类雷达类具有两个模式，依次对应该雷达类载频的两个区间，即载频区间为[5400,5520]的为第 4 类雷达类第 1 个模式，载频区间为[5600,5640]的为第 4 类雷达类第 2 个模式。

3.3　DSm Cloud 方法的各个步骤

3.3.1　基于云模型与 DSm 模型的雷达辐射源特征参数隶属度建模

假设已知雷达辐射源特征参数先验统计特征如表 3-1 所示，本节基于统计特征对雷达辐射源特征参数进行证据建模。

云模型是一种能够实现定性概念和定量数据相互转化的有力工具，可以根据一个随机变量的测量数据求出该随机变量隶属某个概念的模糊隶属度。正态云模型建立在变量近似服从高斯分布的基础上，并在高斯变量的离散程度中引入了超熵的概念，使得高斯变量隶属某个概念的隶属度也具有了随机性。

从表 3-1 可以看出，各雷达类的每种特征参数都存在相互交叠的部分，当特征参数处于各雷达类特征参数交集的部分时，如果忽视对雷达类交集的不确定性建模，那么会增加信息的不确定性，致使识别结果的识别率降低。DSm 模型是建立在承认框架中各命题交集存在的超幂集的基础上的，可以对命题交集进行有效的建模，并且可以进行有效的处理，故本节将云模型的理论与 DSm 模型相结合，并将其用于测量雷达辐射源特征参数隶属度建模。

雷达辐射源特征参数相交叠部分的先验统计特征如表 3-2 所示。

表 3-2 雷达辐射源特征参数相交叠部分的先验统计特征

编码	雷达类交集	载频 RF（MHz）	重频 PRI（μs）	脉宽 PW（μs）
6	$R_1 \cap R_2$	[5000,5060]	[3680,3700]	—
7	$R_2 \cap R_3$	[5200,5220]	[3630,3650]	[0.4,0.5]
8	$R_1 \cap R_3$	[5240,5360]	—	—
9	$R_3 \cap R_4$	[5400,5420]	—	[0.5,0.7]
10	$R_4 \cap R_5$	[5500,5520]	—	—
11	$R_1 \cap R_5$	[5540,5620]	—	[1,1.2]
12	$R_1 \cap R_4$	[5630,5640]	[3730,3750]	[0.7,0.9]
13	$R_1 \cap R_4 \cap R_5$	[5600,5620]	—	—
14	$R_3 \cap R_5$	—	[3580,3600]	—

雷达辐射源特征参数和其相交叠部分的隶属度服从期望为区间均值、熵为 k 倍的区间标准差、超熵为 l 倍的区间标准差（见表 3-1 和表 3-2 中各雷达辐射源特征参数区间）的云模型分布。其中，k 和 l 的选取依据专家经验值估计得到，k 的大小与预估噪声误差的离散程度正相关，l 的大小与特征参数的随机程度正相关。

假设各雷达类特征参数及其相重叠部分的区间均值为 Ex，区间标准差为 En，则具体雷达辐射源特征参数的隶属度构建方法如下。

（1）生成一个服从正态分布的随机数，其以 $k \times \text{En}$ 为期望值，以 $(l \times \text{En})^2$ 为方差，表示形式为

$$\text{En}_i' = \text{NORM}(k \times \text{En}, (l \times \text{En})^2) \tag{3-1}$$

其中，En_i' 代表生成的服从正态分布的随机数，$\text{NORM}(\bullet)$ 为求服从正态分布的随机数的函数。

（2）假设雷达辐射源特征参数用 x_i 表示，将雷达辐射源特征参数 $x_i = x_0$ 代入以下公式：

$$\mu_i = \text{e}^{\frac{-(x_i - \text{Ex})^2}{2(\text{En}_i')}} \tag{3-2}$$

其中，μ_i 代表在雷达辐射源特征参数为 x_0 的情况下，该参数隶属某一雷达类或雷达类交集的隶属度，i 代表表 3-1 和表 3-2 中的编码。

对表 3-1 及表 3-2 中各雷达类及雷达类交集的载频 RF、重频 PRI 及脉宽 PW 分别进行基于云模型与 DSm 模型的雷达辐射源特征参数隶属度建模，如图 3-1、图 3-2 及图 3-3 所示。图中单独数字代表辐射源特征参数隶属该数字雷达类的隶属度分布，而多个数字代表该辐射源特征参数隶属多个数字雷达类交集的隶属度分布，如 "1,2" 代表该辐射源特征参数隶属第 1 类雷达类和第 2 类雷达类交集的隶属度。

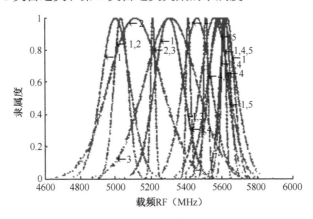

图 3-1　载频的隶属度分布示意图

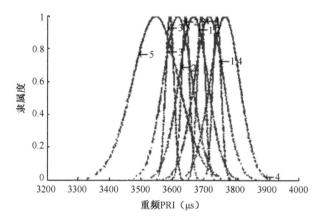

图 3-2　重频的隶属度分布示意图

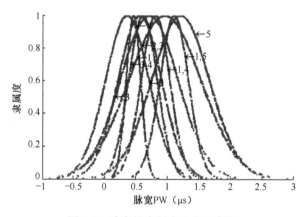

图 3-3　脉宽的隶属度分布示意图

从图 3-1～图 3-3 可以看出，每种辐射源特征参数均存在相互重叠的部分，对交集进行合理的基本概率赋值，可以更全面、准确地对不确定的特征参数进行隶属度建模。

3.3.2　基于隶属度的证据建模

设 (Ω, f, P) 是一个概率空间，(Θ, β_Θ) 是一个可测空间，而 $X: \Omega \to 2^\Theta$ 是随机集，由随机集的条件概率测度得出基本概率赋值的一种随机集概率表示方法为

$$m(A) = P(\omega \in \Omega : X(\omega) = A \mid X(\omega) \neq \varnothing) = \frac{P(\omega \in \Omega : X(\omega) = A)}{P(\omega \in \Omega : X(\omega) \neq \varnothing)} \quad (3\text{-}3)$$

其中，$m(A)$ 代表事件 A 发生的基本概率赋值，$P(\omega \in \Omega : X(\omega) = A)$ 代表事件 A 发生的概率，$P(\omega \in \Omega : X(\omega) \neq \varnothing)$ 代表识别框架中所有事件发生的概率。

随机集隶属度函数的定义为 $\mu_{\theta \in X(\omega)}(\theta) = P(\omega \in \Omega : X(\omega) = \theta)$，故若 $\forall A \in 2^{\Theta}$，$\theta \in A$，$X^{-1}(A) \neq \varnothing$，且 A 包含 θ 所在集合中的所有焦元，则将 $P(\omega \in \Omega : X(\omega) = A) = \mu_{\theta \in A}(\theta)$、$P(\omega \in \Omega : X(\omega) \neq \varnothing) = \sum\limits_{X(\omega) \neq \varnothing} \mu_{\theta \in X(\omega)}(\theta)$ 代入式（3-3），得到

$$m(A) = \frac{P(\omega \in \Omega : X(\omega) = A)}{P(\omega \in \Omega : X(\omega) \neq \varnothing)} = \frac{\mu_{\theta \in A}(\theta)}{\sum\limits_{X(\omega) \neq \varnothing} \mu_{\theta \in X(\omega)}(\theta)} \tag{3-4}$$

其中，$\mu_{\theta \in A}(\theta)$ 代表事件 A 发生的隶属度，$\sum\limits_{X(\omega) \neq \varnothing} \mu_{\theta \in X(\omega)}(\theta)$ 代表识别框架中所有事件发生的隶属度。

设 Θ 上的模糊集合表示为集合 A 和集合 B，集合 A 和集合 B 的并集表示为 $A \bigcup B$，集合 A 的补集表示为 A^c，则由随机集的理论可知，Θ 的元素 θ 的隶属度满足

$$\mu_{\theta \in A \bigcup B}(\theta) = \mu_{\theta \in A}(\theta) \vee \mu_{\theta \in B}(\theta) = \max\{\mu_{\theta \in A}(\theta), \mu_{\theta \in B}(\theta)\} \tag{3-5}$$

$$\mu_{\theta \in A^c}(\theta) = 1 - \mu_{\theta \in A}(\theta) \tag{3-6}$$

其中，$\max\{\mu_{\theta \in A}(\theta), \mu_{\theta \in B}(\theta)\}$ 代表取 $\mu_{\theta \in A}(\theta)$ 和 $\mu_{\theta \in B}(\theta)$ 两个值中的最大值。

假设已知测量得到的雷达辐射源信号特征参数 θ 隶属各雷达类和各雷达类交集的隶属度函数 $\mu_{\theta \in 1}(\theta), \mu_{\theta \in 2}(\theta), \cdots, \mu_{\theta \in n}(\theta)$，将各隶属度函数代入式（3-4），即可将各雷达类的隶属度转化为基于云模型的 DSm 基本概率赋值：

$$m(i) = \frac{\mu_{\theta \in i}(\theta)}{\mu_{\theta \in 1}(\theta) + \mu_{\theta \in 2}(\theta) + \cdots + \mu_{\theta \in n}(\theta) + 1 - \max\{\mu_{\theta \in 1}(\theta), \mu_{\theta \in 2}(\theta), \cdots, \mu_{\theta \in n}(\theta)\}} \tag{3-7}$$

其中，$i \in D^{\Theta}$，D^{Θ} 为雷达类的 DSm 模型下超幂集的雷达类或雷达类交集。

集合各焦元并集的补集的隶属度为集值映射的不确定性，即映射为

整个论域 Θ 的隶属度 $\mu_{\theta \in i}(\Theta)$。各雷达类和各雷达类交集的并集的隶属度函数为 $\max\{\mu_{\theta \in 1}(\theta), \mu_{\theta \in 2}(\theta), \cdots, \mu_{\theta \in n}(\theta)\}$，而集合各焦元并集的补集的隶属度可由式（3-6）求出，即 $\mu_{\theta \in i}(\Theta)=1-\max\{\mu_{\theta \in 1}(\theta), \mu_{\theta \in 2}(\theta), \cdots \mu_{\theta \in n}(\theta)\}$，将 $\mu_{\theta \in i}(\Theta)$ 代入式（3-7），即可将整个论域 Θ 的隶属度转化为基于云模型的 DSm 基本概率赋值：

$$m(\Theta) = \frac{1-\max\{\mu_{\theta \in 1}(\theta), \mu_{\theta \in 2}(\theta), \cdots, \mu_{\theta \in n}(\theta)\}}{\mu_{\theta \in 1}(\theta) + \mu_{\theta \in 2}(\theta) + \cdots + \mu_{\theta \in n}(\theta) + 1 - \max\{\mu_{\theta \in 1}(\theta), \mu_{\theta \in 2}(\theta), \cdots, \mu_{\theta \in n}(\theta)\}}$$

（3-8）

为了简化后续的融合计算，将 $m(\Theta)$ 等分到各单子焦元中。

假设各雷达类交集的基本概率赋值为 $m(\theta)$，$\theta = i \bigcap \cdots \bigcap j$，$\theta \in P^C$，$\theta_c = \{i, \cdots, j\}$，则通过文献[66]的方法，根据雷达类基本概率赋值的比重将其转化到单子焦元中。假设各雷达类的基本概率赋值 $m(i)$ 已由式（3-7）求出，则解耦后的各雷达类基本概率赋值为

$$m^{\text{解耦}}(i) = m(i) + \frac{1}{n}m(\Theta) + \sum_{\theta \in P^C} \frac{m(i)m(\theta)}{\sum_{j \in \theta_c} m(j)} \qquad (3-9)$$

其中，P^C 为各雷达类交集的集合，θ_c 为各雷达类交集中相交的各雷达类集合。

3.3.3　基于 DSmT 的不确定信息推理

基于 DSmT 的不确定信息推理流程如图 3-4 所示，具体步骤如下。

（1）判断需要融合的信息是否为多传感器侦察到的雷达辐射源特征参数，若是，则执行步骤（2）；若否，即为单传感器侦察到的雷达辐射源特征参数，则执行步骤（5）。

（2）将多传感器侦察到的各特征参数进行基于云模型与 DSm 模型的雷达辐射源特征参数隶属度建模，得到隶属度。

（3）将多传感器的各隶属度进行基于隶属度的证据建模，得到由特征参数转化的证据信息。

（4）将多传感器的相同特征参数的证据信息进行 DSmT+PCR5 推理，得到各特征参数的初步推理融合结果，再将各特征参数的初步推理融合结果进行 DSmT+PCR5 推理，得到融合识别结果。流程结束。

（5）将单传感器侦察到的各特征参数进行基于云模型与 DSm 模型的雷达辐射源特征参数隶属度建模，得到隶属度。

（6）将单传感器的各隶属度进行基于隶属度的证据建模，得到由特征参数转化的证据信息。

（7）将单传感器的各特征参数的证据信息进行 DSmT+PCR5 推理，得到融合识别结果。流程结束。

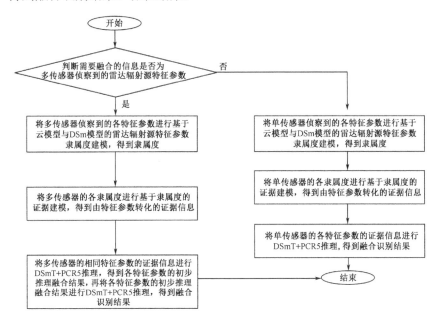

图 3-4　基于 DSmT 的不确定信息推理流程

3.4　仿真实验

本章假设雷达辐射源特征参数的特征符合如表 3-1 所示的雷达辐射源特征参数先验统计特征，则雷达辐射源特征参数经特征提取后仍存在随机的高斯白噪声叠加，分别对单传感器侦察得到的雷达辐射源特征参数和多传感器侦察得到的雷达辐射源特征参数在不同的噪声环境下进行仿真实验[1]。

3.4.1　单传感器的融合识别仿真实验设计

分别对单传感器侦察到的不同雷达类的辐射源特征参数在以随机高斯白噪声的标准差为特征参数，且其标准差为 1%～300% 的情况下各进行 1000 次蒙特卡罗仿真实验：用本章所研究方法（DSm Cloud 方法）进行隶属度建模和 DSmT+PCR5 推理，得到识别结果；用文献[103]方法（Lhj方法）进行隶属度建模和推理，得到识别结果；通过基于云模型的 DS 证据建模融合识别方法（DS Cloud 方法）[2]，得到识别结果。

仿真实验中待测雷达辐射源特征参数的具体构造方法为：针对各雷达类各模式的雷达辐射源特征参数样本库，随机选取某雷达类某模式的雷达辐射源特征参数，并在该特征参数上叠加随机高斯白噪声，随机高斯白噪声的标准差与特征参数的标准差从 1% 到 300% 以 2.5% 递增（设参数 k 为 4，载频和重频的 l 为 0.05，脉宽的 l 为 0.03）。

3.4.2　本章相关代码

本章所研究方法（DSm Cloud 方法）的单传感器融合识别仿真实验核心代码如下。

① 基于表 3-1 和表 3-2，设置雷达辐射源特征参数和相重叠部分的统计特征。

```
Enrf(1)=5000;            %表 3-1 中 R1 雷达类载频第一个区间的期望

Dnrf(1)=20;             %表 3-1 中 R1 雷达类载频第一个区间的方差
```

1　本章的仿真实验结果是通过 Pentimu(R) Dual-Core CPU E5300 2.6GHz 2.59GHz、1.99GB 内存的计算机进行 MATLAB 仿真实现的。

2　DS Cloud 方法：首先，基于 D-S 证据理论框架，仅对各雷达类进行建模，而不对交集进行建模，求得隶属度；其次，进行基于隶属度的证据建模，得到证据信息；最后，进行 DSmT+PCR5 推理，得到融合识别结果。

```
...                           %此处省略部分代码
Enrf(9)=5030;                 %表 3-2 中 R1 和 R2 交集载频唯一区间的期望
Dnrf(9)=10;                   %表 3-2 中 R1 和 R2 交集载频唯一区间的方差
...                           %此处省略部分代码
```

② 基于已设置的统计特征和高斯白噪声的统计特征，生成待测量随机数据。

```
s=0;
for x=0.1:0.025:3            %x 为高斯白噪声与特征参数的方差比值
    tic;
    h=0;
    for i=1:1000
        x1=5620+7*randn(1);          %生成 R4 雷达类载频第二个区间的随机数据
        x2=3765+11.7*randn(1);
        x3=unifrnd(0.5,0.9);
```

③ 基于云模型隶属度函数，将待测量数据代入函数中，求得待测量数据属于各雷达类各特征参数区间的隶属度。

```
for j=1:16
    Ennrf=4*Dnrf(j)+randn(1)*0.05*Dnrf(j);    %计算载频的超熵
    urf(i,j)=exp(-(celiang1-Enrf(j))^2/(2*Ennrf^2));
end
for j=1:9
    Ennpri=4*Dnpri(j)+randn(1)*0.05*Dnpri(j);
    Ennpw=4*Dnpw(j)+randn(1)*0.03*Dnpw(j);
    upri(i,j)=exp(-(celiang2-Enpri(j))^2/(2*Ennpri^2));
    upw(i,j)=exp(-(celiang3-Enpw(j))^2/(2*Ennpw^2));
end
```

④ 通过待测量数据属于各雷达类各特征参数区间的隶属度，计算出待测量数据属于各雷达类各特征参数区间的基本概率赋值。

```
mrf=0;
urfx=urf(i,:);
urfbuqueding=1-max(urfx);        %求待测量数据的不确定度隶属度
```

```
urfhe=sum(urfx)+urfbuqueding;

for j=1: length(urfx)

    mrf(j)=urfx(j)/urfhe;        %求待测量数据属于各载频区间的基本概率赋值

end

mrf(length(urfx)+1)=urfbuqueding/urfhe;

mpri=0;

uprix=upri(i,:);

upribuqueding=1-max(uprix);

uprihe=sum(uprix)+upribuqueding;

for j=1:length(uprix)

        mpri(j)=uprix(j)/uprihe;

end

mpri(length(uprix)+1)=upribuqueding/uprihe;
```

⑤ 为了简化后续的融合计算，将 $m(\Theta)$ 等分到各单子焦元中，并将交多子焦元的基本概率赋值通过式（3-8）转化到单子焦元中，进行基本概率赋值解耦。

```
mrfz(1)=mrf(1)+mrf(2)+mrf(3)+mrf(1)/(mrf(1)+mrf(4))*mrf(9)+mrf(2)/(mrf(2)+

mrf(5))*mrf(11)+mrf(3)/(mrf(3)+mrf(8))*mrf(14)+mrf(3)/(mrf(3)+mrf(7))*mrf(15)+

mrf(3)/(mrf(3)+mrf(7)+mrf(8))*mrf(16)+1/5*mrf(17);

mrfz(2)=mrf(4)+mrf(4)/(mrf(1)+mrf(4))*mrf(9)+mrf(4)/(mrf(4)+mrf(5))*mrf(10)+

1/5*mrf(17);

...                                         %此处省略部分代码

mpwz(5)=mpw(5)+mpw(5)/(mpw(1)+mpw(5))*mpw(8)+1/5*mpw(10);
```

⑥ 对各单子焦元雷达类的各类目标特征参数的基本概率赋值进行 DSmT+PCR5 推理，得到融合识别结果。

```
for j=1:5

    mrfpri(j)=mrfz(j)*mpriz(j);              %进行式（2-6）的乘积运算

    mct=0;

    for k=1:5

        if k==j

            k=k+1;
```

```
            else
                mj(k)=mpriz(j)^2*mrfz(k)/(mpriz(j)+mrfz(k))+mrfz(j)^
                2*mpriz(k)/(mpriz(k)+mrfz(j));
                mct=mct+mj(k);
            end
        end
        mrfpri(j)=mrfpri(j)+mct;              %进行式（2-7）的运算
    end
```

⑦ 判断融合识别结果是否正确，若正确则计入正确识别次数，进行下一次循环。

```
        xxx=find(mrfpri==max(mrfpri));
            for j=1:length(xxx);
                if xxx(j)==4;                 %判断识别结果是否为 R4 雷达类
                    h=h+1;
                    j=length(xxx);
                end
            end
        end
        s=s+1;
        yguoqiang(s)=h;                       %yguoqiang 为正确识别的次数
        timeguoqiang(s)=toc;
    end
```

3.4.3 单传感器的融合识别仿真实验结果对比

按照 3.4.1 节的仿真实验设计，分别用本章所研究方法（DSm Cloud 方法）、文献[103]方法（Lhj 方法），以及本章的基本概率赋值方法对各雷达类进行赋值，但未对 DSm 模型下雷达类的交集进行概率赋值，同样采用基于云模型的 DS 证据建模融合识别方法（DS Cloud 方法）分别进行推理，得到融合识别结果。单传感器融合识别方法的正确识别率对比如图 3-5 所示，单传感器融合识别方法的平均识别实验结果对比如表 3-3 所示。

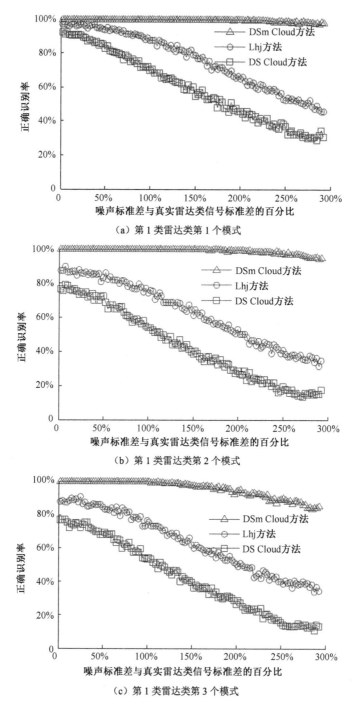

（a）第 1 类雷达类第 1 个模式

（b）第 1 类雷达类第 2 个模式

（c）第 1 类雷达类第 3 个模式

图 3-5　单传感器融合识别方法的正确识别率对比

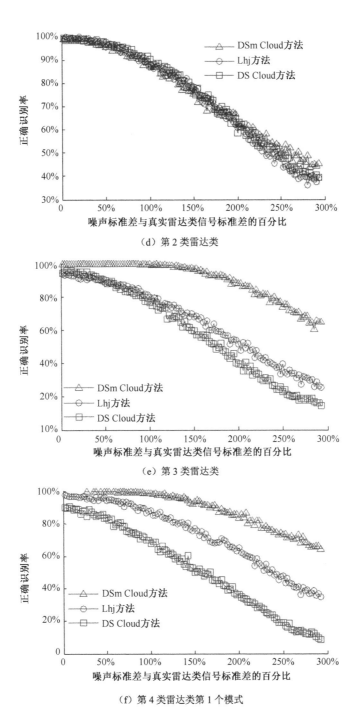

（d）第 2 类雷达类

（e）第 3 类雷达类

（f）第 4 类雷达类第 1 个模式

图 3-5　单传感器融合识别方法的正确识别率对比（续）

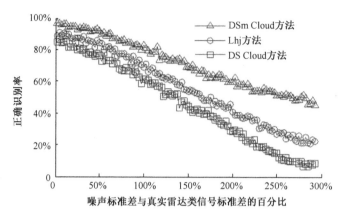

（g）第4类雷达类第2个模式

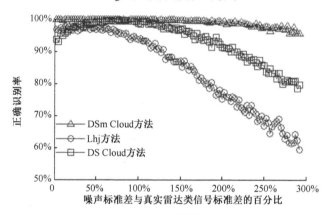

（h）第5类雷达类

图 3-5　单传感器融合识别方法的正确识别率对比（续）

表 3-3　单传感器融合识别方法的平均识别实验结果对比

序号	测量信号的各种情况	实验结果	DSm Cloud 方法	Lhj 方法	DS Cloud 方法
1	第1类雷达类第1个模式下的随机参数	平均正确识别率	99.56%	75.90%	59.34%
		平均识别时间	5.4684×10^{-4}s	2.0625×10^{-4}s	4.5609×10^{-4}s
2	第1类雷达类第2个模式下的随机参数	平均正确识别率	99.01%	62.48%	42.96%
		平均识别时间	6.1367×10^{-4}s	2.5048×10^{-4}s	5.6901×10^{-4}s
3	第1类雷达类第3个模式下的随机参数	平均正确识别率	95.66%	63.27%	42.13%
		平均识别时间	5.8694×10^{-4}s	2.1702×10^{-4}s	5.2377×10^{-4}s
4	第2类雷达类的随机参数	平均正确识别率	74.87%	73.63%	74.74%
		平均识别时间	6.3009×10^{-4}s	2.3767×10^{-4}s	5.3632×10^{-4}s

序号	测量信号的各种情况	实验结果	DSm Cloud 方法	Lhj 方法	DS Cloud 方法
5	第 3 类雷达类的随机参数	平均正确识别率	90.61%	64.87%	58.43%
		平均识别时间	$6.0985×10^{-4}$s	$2.4291×10^{-4}$s	$5.1517×10^{-4}$s
6	第 4 类雷达类第 1 个模式下的随机参数	平均正确识别率	89.30%	72.88%	52.19%
		平均识别时间	$5.8608×10^{-4}$s	$2.1912×10^{-4}$s	$5.3922×10^{-4}$s
7	第 4 类雷达类第 2 个模式下的随机参数	平均正确识别率	71.35%	56.26%	46.45%
		平均识别时间	$5.8357×10^{-4}$s	$2.1676×10^{-4}$s	$5.0681×10^{-4}$s
8	第 5 类雷达类的随机参数	平均正确识别率	99.09%	84.05%	93.41%
		平均识别时间	$5.8607×10^{-4}$s	$2.1592×10^{-4}$s	$5.3511×10^{-4}$s

3.4.4　多传感器的融合识别仿真实验设计

本节进行多传感器的融合识别仿真实验设计，假设共有 2 个传感器（单传感器 1、单传感器 2），侦察得到雷达辐射源特征参数，从样本数据库中随机选取各雷达类各模式下的雷达辐射源特征参数，对雷达辐射源特征参数叠加标准差为雷达辐射源特征参数的标准差 3 倍的随机高斯白噪声，得到待测雷达辐射源特征参数，利用本章所研究方法（DSm Cloud 方法）分别进行单传感器 1 多属性融合[DSm Cloud 方法（单传感器 1）]、单传感器 2 多属性融合［Dsm Cloud 方法（单传感器 2）]和多传感器多属性融合[DSm Cloud 方法（多传感器）]的 1000 次蒙特卡罗仿真实验，得到雷达辐射源信号识别结果。

3.4.5　多传感器的融合识别仿真实验结果对比

本章按照 3.4.3 节的仿真实验设计，利用本章所研究方法（DSm Cloud 方法）分别进行单传感器 1 多属性融合[DSm Cloud 方法（单传感器 1）]、单传感器 2 多属性融合［DSm Cloud 方法（单传感器 2）]和多传感器多属性融合［DSm Cloud 方法（多传感器）]的 1000 次蒙特卡罗仿真实验，得到雷达辐射源识别结果。单传感器多属性融合和多传感器多属性融合的正确识别率部分对比如图 3-6 所示，平均正确识别率对比如表 3-4 所示。

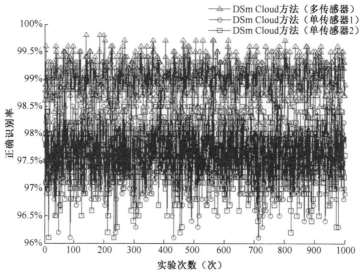

（a）第1类雷达类第1个模式

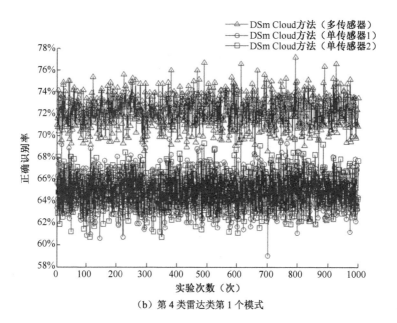

（b）第4类雷达类第1个模式

图3-6　单传感器多属性融合和多传感器多属性融合的正确识别率部分对比

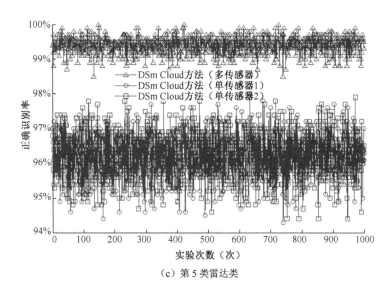

（c）第 5 类雷达类

图 3-6　单传感器多属性融合和多传感器多属性融合的正确识别率部分对比（续）

表 3-4　单传感器多属性融合和多传感器多属性融合的平均正确识别率对比

序号	测量信号的各种情况	单传感器 1	单传感器 2	多传感器
1	第 1 类雷达类第 1 个模式	97.61%	97.61%	99.01%
2	第 1 类雷达类第 2 个模式	94.71%	94.73%	95.85%
3	第 1 类雷达类第 3 个模式	83.57%	83.55%	90.54%
4	第 2 类雷达类	43.37%	43.35%	48.59%
5	第 3 类雷达类	62.42%	62.46%	64.87%
6	第 4 类雷达类第 1 个模式	64.86%	64.96%	72.25%
7	第 4 类雷达类第 2 个模式	46.18%	46.08%	43.52%
8	第 4 类雷达类第 2 个模式	61.42%	61.38%	70.61%
9	第 5 类雷达类	96.21%	96.23%	99.39%

　　这里需要注意的是，表 3-4 中第 8 个实验的实验条件与表 3-4 中其他实验的实验条件不同，该实验选取第 4 类雷达类第 2 个模式下的雷达辐射源特征参数，并叠加标准差为特征参数的标准差 2 倍的随机高斯白噪声，从而得到待测特征参数，而其他实验均叠加标准差为特征参数的标准差 3 倍的随机高斯白噪声。

3.4.6　仿真实验结果分析

从本章的仿真实验结果分析可知。

（1）基于本章所研究方法（DSm Cloud 方法）的单传感器雷达辐射源融合识别方法除了在第 2 类雷达类待测雷达辐射源特征参数的识别实验中，正确识别率略高于文献[103]方法及基于云模型的 DS 证据建模融合识别方法（DS Cloud 方法），其他各雷达类各模式下的待测辐射源特征参数的正确识别率均明显高于其他方法，且优势会随着噪声标准差的增大而增加。

（2）基于本章所研究方法（DSm Cloud 方法）的多传感器融合识别方法在待测雷达辐射源特征参数噪声的标准差为特征参数的标准差的 3 倍的情况下，除了在第 4 类雷达类第 2 个模式下的待测雷达辐射源特征参数的识别实验中，正确识别率略低于单传感器融合识别方法的正确识别率，其他各雷达类各模式下的待测雷达辐射源特征参数的正确识别率均明显高于单传感器融合识别方法。

（3）基于本章所研究方法（DSm Cloud 方法）的多传感器雷达辐射源融合识别方法在待测雷达辐射源特征参数噪声的标准差为特征参数的标准差 2 倍的情况下，对第 4 类雷达类第 2 个模式下的待测雷达辐射源特征参数进行识别实验，结果如表 3-4 第 8 行所示，正确识别率明显优于单传感器融合识别方法，说明由于第 4 类雷达类第 2 个模式下的雷达辐射源特征参数对噪声敏感，所以在噪声误差标准差为特征参数标准差 3 倍的情况下，待测雷达辐射源特征参数已经发生明显的畸变，导致单传感器融合识别的正确识别率极低；而融合识别方法的收敛性导致多传感器的正确识别率更低，当噪声误差的标准差减小时，虽然单传感器融合识别方法的正确识别率仍较低，但基于 DSm Cloud 方法的多传感器融合识别方法能够有效提高正确识别率。

（4）基于本章所研究方法（DSm Cloud 方法）的雷达辐射源融合识别方法的计算量最高，略高于基于云模型的 DS 证据建模融合识别方法（DS Cloud 方法），几乎 2 倍于文献[103]的识别方法，但因为对交多子焦元提前进行了解耦，所以降低了计算复杂度。

3.5 本章小结

本章针对雷达辐射源信号特征参数中存在相互重叠且可能存在多种模式特征参数的情况导致识别率低的问题,研究了一种基于云模型、DSm 证据建模及 DSmT 推理的雷达辐射源融合识别方法(DSm Cloud 方法)。首先,该方法针对含有噪声和参数交叠情况的待测雷达辐射源特征参数进行基于云模型与 DSm 模型的雷达辐射源特征参数隶属度建模;其次,通过随机集得到的隶属度与基本概率赋值的关系进行证据建模;再次,通过 DSmT+PCR5 推理方法进行多传感器雷达辐射源待测特征参数的特征融合;最后,将不同特征的初步推理融合结果基于 DSmT+PCR5 推理方法进行推理融合,得到最终的推理融合结果,若仅为单传感器测量信号,则仅将由不同的待测特征参数形成的证据通过 DSmT+PCR5 推理方法得到识别结果。针对具体的仿真数据,在各种随机的蒙特卡罗仿真实验情况下,与多种方法进行比较,本章的研究方法在牺牲部分计算复杂度的情况下,融合识别的正确识别率明显提高,尤其在信号重叠复杂程度高的情况下,本章所研究方法的正确识别率极高。由本章的仿真实验结果可知,利用 DSmT 框架下的组合规则虽然可以得到较好的推理融合结果,但其计算量相比于其他方法较高,当融合问题的框架复杂时,不利于满足实时性的要求,为了能让 DSmT 推理方法发挥更好的作用,笔者将在第 4 章和第 5 章进行深入研究。

本章为读者提供了基于多源不确定信息推理技术解决实际问题的思路,使读者能够掌握不确定信息推理方法的工程应用步骤,为解决其他工程应用背景中存在的多源不确定信息推理问题提供借鉴和参考。

第4章

DSmT-DS 多源不确定信息推理方法

4.1 引言

通过第 3 章的研究可知，基于 DSmT 的不确定信息推理方法是一种处理不确定、不精确信息源的推理融合问题的有效方法，利用 DSmT 框架下的组合规则虽然可以得到较好的推理融合结果，其计算量相比于其他方法较高，当融合问题的框架复杂时，难以满足实时性的要求。基于此，本章通过改进 DSmT 框架下的 PCR5 规则，研究不同幂集空间下针对两证据源的 DSmT-DS 多源不确定信息推理方法，并通过计算复杂度分析及仿真实验分析得到本章所研究方法相较于其他方法的优越性。

4.2 DSmT 框架下的 PCR5 规则的计算复杂度分析

4.2.1 仅单子焦元存在的情况

针对两证据源，k 代表证据源标号，$k=1$ 或 2。

PCR5 规则如式（2-7）所示，其中，2_k^Θ 代表该问题的幂集，$2_k^\Theta = \{\theta_1, \theta_2, \cdots, \theta_n\}$，$\theta_i$，$i \in [1,2,\cdots,n]$ 代表单子焦元，n 代表单子焦元个数。

假设一次乘法运算的计算复杂度用 K 表示，一次加法运算的计算复杂度用 Σ 表示，一次除法运算的计算复杂度用 Ψ 表示。

通过 PCR5 规则的计算公式可求得其计算复杂度为

$$o(n) = [K + (4K + 2\Psi + 4\Sigma)(n-1)]n \tag{4-1}$$

4.2.2 交多子焦元存在的情况

针对两证据源，k 代表证据源标号，$k=1$ 或 2。

PCR5 规则如式（2-7）所示，其中，D_k^Θ 代表超幂集，$D_k^\Theta = \{\theta_1, \theta_2, \cdots, \theta_n,$ $\varpi_1, \varpi_2, \cdots, \varpi_c\}$，$\theta_i$，$i \in [1, 2, \cdots, n]$ 代表单子焦元，n 代表单子焦元个数，ϖ_i，$i \in [1, 2, \cdots, c]$ 代表交多子焦元，c 代表交多子焦元个数。

将冲突焦元中相交的单子焦元求出的函数定义为 $x(\varpi_i) = \{\theta_i, \cdots, \theta_j\}$，其中，$\theta_i, \cdots, \theta_j$（集合的每一个元素）为参与 ϖ_i 的单子焦元。

假设一次乘法运算的计算复杂度用 K 表示，一次加法运算的计算复杂度用 Σ 表示，一次除法运算的计算复杂度用 Ψ 表示，经 PCR5 规则可得到基本概率赋值 $m_{12}^{\mathrm{PCR}}(\theta_i)$。

（1）交多子焦元为冲突焦元。

若交多子焦元为冲突焦元，即超幂集为 Shafer 模型下的集合，则推理融合结果中的交多子焦元同样也为冲突焦元，需要将冲突焦元上的基本概率赋值解耦到参与冲突的各单子焦元上。因此，将 PCR5 规则推理融合结果中冲突焦元的基本概率赋值按照参与其中的单子焦元基本概率赋值的比例分配给单子焦元，得到最后的推理融合结果 $m_{12}^{\mathrm{PCR}'}(\theta_i)$：

$$\forall \theta_i \notin x(\varpi_i), m_{12}^{\mathrm{PCR}'}(\theta_i) = m_{12}^{\mathrm{PCR}}(\theta_i)$$

$$\forall \theta_i \in x(\varpi_i), m_{12}^{\mathrm{PCR}'}(\theta_i) = m_{12}^{\mathrm{PCR}}(\theta_i) + \frac{m_{12}^{\mathrm{PCR}}(\theta_i)}{\sum\limits_{\theta_i \in x(\varpi_i)} m_{12}^{\mathrm{PCR}}(\theta_i)} m_{12}^{\mathrm{PCR}}(\varpi_i) \quad （4-2）$$

由式（2-7）和式（4-2）可求得，该情况下 PCR5 规则的计算复杂度为

$$o(n) = [K + (4K + 2\Psi + 4\Sigma)(n + c - 1)](n + c) + \Delta \quad （4-3）$$

其中，Δ 代表式（4-2）的计算复杂度，由于交多子焦元内部可能含有 $2 \sim n$ 个（$n > 2$）单子焦元，所以其计算复杂度与交多子焦元的复杂程度正相关，变化区间为 $[2c(K + \Psi + 2\Sigma), nc(K + \Psi + 2\Sigma)]$。

（2）交多子焦元为多个单子焦元相交形成的焦元。

若交多子焦元为多个单子焦元相交形成的焦元，即超幂集为混合 DSm 模型下的集合，则对两个证据按照 PCR5 规则进行推理，当交多子焦元与参与其中的各单子焦元进行运算时，因为相交结果非空，所以仅进

行基本概率赋值的相乘，无须进行比例分配。若推理融合结果中所含的交多子焦元个数为 x，则相比于两个证据全部为单子焦元的计算复杂度，该情况的计算复杂度减小了 $x(2K + 2\Psi + 4\Sigma)$；若在推理过程中形成了 y 个相同的交多子焦元，则相比于两个证据全部为单子焦元的计算复杂度，该情况的计算复杂度增加了 $y\Sigma$，故该情况下 PCR5 规则的计算复杂度为

$$o(n) = [K + (4K + 2\Psi + 4\Sigma)(n + c - 1)](n + c) - x(2K + 2\Psi + 4\Sigma) + y\Sigma \tag{4-4}$$

可见，PCR5 规则的计算复杂度会随着焦元数量的平方的增加而增加，在问题解空间较大，即焦元数量较多的情况下，PCR5 规则的计算复杂度较高。

4.3　降低 DSmT+PCR5 规则的计算复杂度的方法

文献[66,67]方法在其推理融合结果与 DSmT+PCR5 规则的推理融合结果保持较高信息相似度的前提下，计算量显著减少，较好地解决了 DSmT 规则高计算复杂度的瓶颈问题。但该方法在信息源存在较高冲突时，正确结果焦元的概率赋值会向其他焦元转移，导致各焦元的概率赋值推理融合结果较平均，对冲突证据源敏感性弱，而且该方法需要对每个二叉树分组的焦元进行 DSmT+PCR5 融合计算，分组的粒度随着焦元数量的增多而增多，导致计算量仍然较大。

因此，本章研究 DSmT+PCR5 改进推理方法，本章所研究方法在保持与 DSmT+PCR5 推理融合结果高相似度的前提下，计算复杂度与 DSmT+PCR5 推理融合方法及文献[66,67]方法相比均较小，具有一定的工程实践意义和理论参考价值，4.4 节和 4.5 节分别针对不同的解空间情况对所研究方法进行阐述和仿真实验对比。

4.4　仅单子焦元存在情况下的 DSmT–DS 多源不确定信息推理方法

4.4.1　算法步骤

仅单子焦元存在情况下的 DSmT-DS 多源不确定信息推理方法流程如图 4-1 所示，具体步骤如下。

（1）首先判断超幂集空间中的单子焦元个数是否大于 3，若是，则执行步骤（2）；否则，执行步骤（6）。

（2）将超幂集空间依照其中的各单子焦元拆分映射到新的超幂集空间中，新的超幂集空间中的元素为各单子焦元和它的补集的集合。

其中，假设有两证据源 S_1 和 S_2（焦元相同，即 $\Theta = \{\theta_1, \theta_2, \cdots, \theta_n\}$，其中 $\theta_1, \theta_2, \cdots, \theta_n$ 代表鉴别框架中的焦元），各焦元具有互相排他性，即 $\theta_i \bigcap \theta_j = \varnothing$。对其超幂集 D^Θ 依次按照其含有的各单子焦元进行映射，映射到新的超幂集 $D^{\Theta'}$ 中，其中的元素为各单子焦元和它的补集的二元集合，即 $D^\Theta = \{\theta_1, \theta_2, \cdots, \theta_n\}$ 映射的新的超幂集为

$$D^{\Theta'} = \{D^{\Theta_1} = \{\theta_1, \overline{\theta_1}\}, D^{\Theta_2} = \{\theta_2, \overline{\theta_2}\}, \cdots, D^{\Theta_i} = \{\theta_i, \overline{\theta_i}\}, \cdots, D^{\Theta_n} = \{\theta_n, \overline{\theta_n}\}\} \tag{4-5}$$

其中，$\overline{\theta_1} = \{\theta_2, \theta_3, \cdots, \theta_n\}$，$\overline{\theta_n} = \{\theta_1, \theta_2, \cdots, \theta_{n-1}\}$，$\overline{\theta_i} = \{\theta_1, \cdots, \theta_{i-1}, \theta_{i+1}, \cdots, \theta_n\}$，$1 < i < n$。

（3）求出新的超幂集中各子空间的单子焦元的补集的基本概率赋值，得到各证据源在新的超幂集空间下各子空间中的单子焦元和其补集的基本概率赋值。

需要注意，映射生成的新的超幂集中的元素不是传统意义上的单焦元或多焦元，而是由单焦元和它的补集构成的二元集合子空间，如新的超

幂集中的第 i 个元素 D^{Θ_i}，也称子空间 D^{Θ_i}，由单子焦元 θ_i 和其补集 $\overline{\theta_i} = \{\theta_1, \cdots, \theta_{i-1}, \theta_{i+1}, \cdots, \theta_n\}$ 构成，其补集 $\overline{\theta_i}$ 的基本概率赋值为

$$
\begin{aligned}
m_k(\overline{\theta_i}) &= m_k(\theta_1) + m_k(\theta_2) + \cdots + m_k(\theta_{i-1}) + m_k(\theta_{i+1}) + \cdots + \\
&\quad m_k(\theta_n) = 1 - m_k(\theta_i)
\end{aligned}
\tag{4-6}
$$

其中，k 代表证据源的编号，则第 k 个证据源在新的超幂集下的基本概率赋值为

$$
m_k^{D^{\Theta'}} = \{\{m_k(\theta_1), m_k(\overline{\theta_1})\}, \cdots, \{m_k(\theta_i), m_k(\overline{\theta_i})\}, \cdots, \{m_k(\theta_n), m_k(\overline{\theta_n})\}\} \tag{4-7}
$$

（4）对各证据源在新的超幂集空间下各子空间中的各单子焦元和其补集的基本概率赋值进行 DSmT+PCR5 推理，得到各单子焦元的推理融合结果。

其中，假设仅存在两个证据源，即 $k=2$，则每个证据源在新的超幂集上的基本概率赋值为

$$
\begin{aligned}
m_1^{D^{\Theta'}} &= \{\{m_1(\theta_1), m_1(\overline{\theta_1})\}, \{m_1(\theta_2), m_1(\overline{\theta_2})\}, \cdots, \{m_1(\theta_n), m_1(\overline{\theta_n})\}\} \\
m_2^{D^{\Theta'}} &= \{\{m_2(\theta_1), m_2(\overline{\theta_1})\}, \{m_2(\theta_2), m_2(\overline{\theta_2})\}, \cdots, \{m_2(\theta_n), m_2(\overline{\theta_n})\}\}
\end{aligned}
\tag{4-8}
$$

对两个证据源在新的超幂集中对应的相同单子焦元和其补集的子空间进行 DSmT+PCR5 推理融合，得到各单子焦元 θ_i $(1 \leqslant i \leqslant n)$ 的基本概率赋值为

$$
m_{12\text{PCR5}}^{D^{\Theta'}}(\theta_i) = m_1(\theta_i) m_2(\theta_i) + \left[\frac{m_1(\theta_i)^2 m_2(\overline{\theta_i})}{m_1(\theta_i) + m_2(\overline{\theta_i})} + \frac{m_2(\theta_i)^2 m_1(\overline{\theta_i})}{m_2(\theta_i) + m_1(\overline{\theta_i})} \right] \tag{4-9}
$$

（5）对由步骤（4）求得的各单子焦元的推理融合结果进行归一化。

通过 DSmT+PCR5 公式［见式（2-7）］与式（4-9）的对比分析可知，式（4-9）将单子焦元 θ_i 的补集 $\overline{\theta_i}$ 定义为一个单子焦元，并将冲突的概率按比例分配给单子焦元 θ_i 的补集 $\overline{\theta_i}$（一个单子焦元），取代通过 DSmT+PCR5 公式将冲突的概率按比例分配给单子焦元 θ_i 补集中的各焦元 $\{\theta_1, \cdots, \theta_{i-1}, \theta_{i+1}, \cdots, \theta_n\}$（多个单子焦元）的冲突概率分配方法。补集 $\overline{\theta_i}$ 作为一个焦元，与各单子焦元相比，其进行冲突概率分配的强度更高，推理过程的冲突概率会有一部分多分配给补集 $\overline{\theta_i}$，而使式（4-9）求出的 θ_i

的基本概率赋值减少，故 $\sum_{i=1}^{n} m_{12PCR5}^{D^{\Theta'}}(\theta_i) < 1$。通过将由步骤（4）得到的初

步推理融合结果归一化，平均各焦元损失的基本概率赋值，得到单子焦元

θ_i 最终的基本概率赋值，即

$$m_{12}(\theta_i) = \frac{m_{12PCR5}^{D^{\Theta'}}(\theta_i)}{\sum_{i=1}^{n} m_{12PCR5}^{D^{\Theta'}}(\theta_i)} \qquad (4-10)$$

流程结束。

（6）直接对证据源的单子焦元基本概率赋值进行 DSmT+PCR5 推理，得到推理融合结果。流程结束。

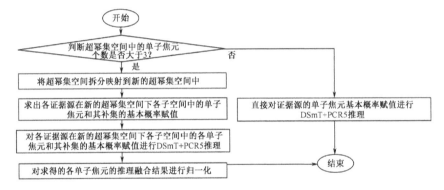

图 4-1　仅单子焦元存在情况下的 DSmT-DS 多源不确定信息推理方法流程

4.4.2　DSmT-DS 推理融合结果与 DSmT+PCR5 及 Dempster 规则推理融合结果的关系

下面通过对式（4-8）和式（4-9）进行分析，得出 DSmT-DS 推理融合结果与 DSmT+PCR5 及 Dempster 规则推理融合结果的关系。

令 $m_1(\theta_i) = x_i$，$m_2(\theta_i) = y_i$，在 DSmT+PCR5 公式中，将 θ_i 的冲突概率比例分配部分的每个分式表示为 $PCR_{x_iy_j}$ 和 $PCR_{y_ix_j}$（$i \neq j$），即若使用 DSmT+PCR5 规则，则得出的焦元 θ_i 的基本概率赋值为

$$m_{12\text{PCR}5}(\theta_i)$$

$$= m_1(\theta_i)m_2(\theta_i) + \sum_{\substack{\theta_j \in D^\Theta / \theta_i \\ \theta_i \cap \theta_j = \varnothing}} \left[\frac{m_1(\theta_i)^2 m_2(\theta_j)}{m_1(\theta_i) + m_2(\theta_j)} + \frac{m_2(\theta_i)^2 m_1(\theta_j)}{m_2(\theta_i) + m_1(\theta_j)} \right] \quad (4\text{-}11)$$

$$= x_i y_i + \text{PCR}_{x_i y_1} + \cdots + \text{PCR}_{x_i y_j} + \cdots + \text{PCR}_{x_i y_n} +$$

$$\text{PCR}_{y_i x_1} + \cdots + \text{PCR}_{y_i x_j} + \cdots + \text{PCR}_{y_i x_n}$$

将 DSmT+PCR5 规则中对 θ_i 的总冲突分配表示为 PCR_i，则

$$\text{PCR}_i = \text{PCR}_{x_i y_1} + \cdots + \text{PCR}_{x_i y_j} + \cdots + \text{PCR}_{x_i y_n} +$$

$$\text{PCR}_{y_i x_1} + \cdots + \text{PCR}_{y_i x_j} + \cdots + \text{PCR}_{y_i x_n} \quad (4\text{-}12)$$

对式（4-9）进行分析：

$$m_{12\text{PCR}5}^{D^\Theta}(\theta_i) = m_1(\theta_i)m_2(\theta_i) + \left[\frac{m_1(\theta_i)^2 m_2(\overline{\theta_i})}{m_1(\theta_i) + m_2(\overline{\theta_i})} + \frac{m_2(\theta_i)^2 m_1(\overline{\theta_i})}{m_2(\theta_i) + m_1(\overline{\theta_i})} \right]$$

$$= x_i y_i + \frac{x_i^2 \sum\limits_{j \neq i} y_j}{x_i + \sum\limits_{j \neq i} y_j} + \frac{y_i^2 \sum\limits_{j \neq i} x_j}{y_i + \sum\limits_{j \neq i} x_j}$$

$$\quad (4\text{-}13)$$

$$= x_i y_i + \frac{x_i^2 y_1}{x_i + \sum\limits_{j \neq i} y_j} + \cdots + \frac{x_i^2 y_j}{x_i + \sum\limits_{j \neq i} y_j} + \cdots + \frac{x_i^2 y_n}{x_i + \sum\limits_{j \neq i} y_j} +$$

$$\frac{y_i^2 x_1}{y_i + \sum\limits_{j \neq i} x_j} + \cdots + \frac{y_i^2 x_j}{y_i + \sum\limits_{j \neq i} x_j} + \cdots + \frac{y_i^2 x_n}{y_i + \sum\limits_{j \neq i} x_j}$$

其中，$j = \{1, \cdots, n\}$ 且 $j \neq i$，通过式（4-12），式（4-13）可以转化为

$$m_{12\text{PCR}5}^{D^\Theta}(\theta_i) = x_i \times y_i + \frac{x_i + y_1}{x_i + \sum\limits_{j \neq i} y_j} \times \text{PCR}_{x_i y_1} + \cdots +$$

$$\frac{x_i + y_j}{x_i + \sum\limits_{j \neq i} y_j} \times \text{PCR}_{x_i y_j} + \cdots + \frac{x_i + y_n}{x_i + \sum\limits_{j \neq i} y_j} \times \text{PCR}_{x_i y_n} +$$

$$\quad (4\text{-}14)$$

$$\frac{y_i + x_1}{y_i + \sum\limits_{j \neq i} x_j} \times \text{PCR}_{y_i x_1} + \cdots + \frac{y_i + x_j}{y_i + \sum\limits_{j \neq i} x_j} \times \text{PCR}_{y_i x_j} + \cdots +$$

$$\frac{y_i + x_n}{y_i + \sum\limits_{j \neq i} x_j} \times \text{PCR}_{y_i x_n}$$

令式（4-14）中各项 PCR 的系数为 $k_t (t = 1, 2, \cdots, 2n-2)$，则

$$
\begin{aligned}
m_{12\mathrm{PCR5}}^{D^{\Theta'}}(\theta_i) = {}& x_i \times y_i + k_1 \times \mathrm{PCR}_{x_i y_1} + \cdots + k_j \times \mathrm{PCR}_{x_i y_j} + \cdots + \\
& k_{n-1} \times \mathrm{PCR}_{x_i y_n} + k_n \times \mathrm{PCR}_{y_i x_1} + \cdots + \\
& k_{n+j-1} \times \mathrm{PCR}_{y_i x_j} + \cdots + k_{2n-2} \times \mathrm{PCR}_{y_i x_n}
\end{aligned}
\tag{4-15}
$$

为了表述方便，假设其中各项 k_t 相等，记为 k_{θ_i}，则

$$
m_{12\mathrm{PCR5}}^{D^{\Theta'}}(\theta_i) = x_i \times y_i + k_{\theta_i} \times \mathrm{PCR}_i
\tag{4-16}
$$

由式（4-16）可知，当 k_{θ_i} 接近于 1 时，DSmT-DS 方法等效于 DSmT+PCR5 规则；而当 k_{θ_i} 接近于 0 时，由于归一化公式（4-10）的运用，DSmT-DS 方法等效于 Dempster 规则，而 k_t 的取值范围是 $[x_i / (x_i + \sum\limits_{j \neq i} y_j), 1]$ 或 $[y_i / (y_i + \sum\limits_{j \neq i} x_j), 1]$，这决定了冲突再分配的精度。各项 k_t 值越大，DSmT-DS 方法得到的推理融合结果与 DSmT+PCR5 方法得到的推理融合结果越接近，所以 DSmT-DS 方法得到的推理融合结果，是介于 DSmT+PCR5 方法得到的推理融合结果与 DS 框架下 Dempster 组合规则的结果之间，且优于 Dempster 组合规则的推理融合结果。

4.4.3　本节所研究方法与其他方法的计算复杂度对比分析

针对两证据源，k 代表证据源标号，$k = 1$ 或 2。

PCR5 规则如式（2-7）所示，其中，2_k^{Θ} 代表该问题的幂集，$2_k^{\Theta} = \{\theta_1, \theta_2, \cdots, \theta_n\}$，$\theta_i$，$i \in [1, 2, \cdots, n]$ 代表单子焦元，n 代表单子焦元个数。

假设一次乘法运算的计算复杂度用 K 表示，一次加法运算的计算复杂度用 Σ 表示，一次除法运算的计算复杂度用 Ψ 表示，一次减法运算的计算复杂度用 B 表示。

DSmT+PCR5 的计算复杂度如式（4-1）所示。

文献[66]方法的计算复杂度为

$$
\begin{aligned}
o(n) = {}& [2(\log_2 n - 2)n + 4]\Sigma + (n-1)(10K + 4\Psi + 8\Sigma) + \\
& 2(\log_2 n - 1)n\Psi + n(\log_2 n - 1)K
\end{aligned}
\tag{4-17}
$$

本节所研究方法的计算复杂度可根据算法步骤逐步分析得出，假设证据源单子焦元个数大于 2，步骤（3）的计算度复杂度为 nB，步骤（4）的计算复杂度为 $nK + n[2(3K + \varSigma + \varPsi) + \varSigma]$，步骤（5）的计算复杂度为 $\varSigma + n\varPsi$，则本节所研究方法的总的计算复杂度为

$$
\begin{aligned}
o(n) &= nB + nK + n[2(3K + \varSigma + \varPsi) + \varSigma] + \varSigma + n\varPsi \\
&= nB + (3n+1)\varSigma + 7nK + 2n\varPsi
\end{aligned}
\tag{4-18}
$$

通过对计算复杂度的理论分析结果进行对比可知，本节所研究方法的计算复杂度随着焦元数量 n 的增多几乎呈线性增长，相较于 DSmT+PCR5 方法和文献[66]的方法降低显著。

4.4.4 仿真实验设计

本书采用 Euclidean 相似度函数[64]对不同推理方法的推理融合结果进行相似度分析，该函数可以将实验结果量化，客观地描述不同方法推理融合结果的相似性，取值区间为[0,1]，数值越大，相似度越高；相反，数值越小，相似度越低。

Euclidean 相似度函数[64]表示为

$$
N_{\mathrm{E}}(m_1, m_2) = 1 - \frac{1}{\sqrt{2}}\sqrt{\sum_{i=1}^{D^{\varTheta}}\left[m_1(X_i) - m_2(X_i)\right]^2}
\tag{4-19}
$$

其中，m_1 和 m_2 代表两种方法的推理融合结果在各个焦元上的基本概率赋值，$D^{\varTheta}$ 代表两种方法的超幂集，X_i 代表超幂集中所有的焦元。

本节设计蒙特卡罗仿真实验，得到不同方法的推理融合结果，这些方法包括 DSmT+PCR5 方法、文献[66]的方法和本节所研究的方法。

假设给定两个证据源，超幂集 $D^{\varTheta} = \{\theta_1, \theta_2, \cdots, \theta_{20}\}$，对每个证据源的超幂集中的 20 个单子焦元进行随机非零基本概率赋值。进行 1000 次蒙特卡罗仿真实验，将每次实验随机产生的一对证据，分别利用 DSmT+PCR5 方法、文献[66]方法和本节所研究方法得到推理融合结果，并计算 DSmT+PCR5 方法推理融合结果与其他两种方法推理融合结果的 Euclidean 相似度。

4.4.5　仿真实验核心代码

① 通过设计随机数，构建 2 个含有 20 个随机单子焦元基本概率赋值的超幂集。

```
clear
h=0;
g=0;
for l=1:1000
    x=rand(1,20);
    y=sum(x);
    r=x/y;
    a=r;                    %第 1 个超幂集的随机基本概率赋值
    x=rand(1,20);
    y=sum(x);
    r=x/y;
    b=r;                    %第 2 个超幂集的随机基本概率赋值
    n=20;
    j=1;
    mct=0;
    m=0;
```

② 运用 DSmT+PCR5 推理方法将两个超幂集的随机基本概率赋值进行融合，得到识别结果。

```
tic
for i=1:n
    m(i)=a(i)*b(i);
    mct=0;
    for j=1:n
        if j==i
            j=i+1;
        else
            mj(j)=a(i)^2*b(j)/(a(i)+b(j))+b(i)^2*a(j)/(a(j)+b(i));
            mct=mct+mj(j);
```

```
            end
        end
        mpcrx(i)=m(i)+mct;
    end
    timepcr(l)=toc;
```

③ 运用本节所研究方法将两个超幂集的随机基本概率赋值进行融合，得到识别结果。

```
    tic
    for i=1:n
        ma(i)=1-b(i);
        mb(i)=1-a(i);
        mg(i)=a(i)*b(i)+a(i)^2*ma(i)/(a(i)+ma(i))+b(i)^2*mb(i)/(mb(i)+b(i));;
    end
    sg=sum(mg);
    for i=1:n
        mguo(i)=mg(i)/sg;
    end
    timeguo(l)=toc;
```

④ 计算得到两种方法推理融合结果的相似度。

```
    sxsd=0;
    for i=1:20
        xsd(i)=(mguo(i)-mpcrx(i))^2;
        sxsd=sxsd+xsd(i);
    end
    disguo(l)=1-1/sqrt(2)*sqrt(sxsd);
end
```

4.4.6　仿真实验结果对比分析

本章所有仿真实验是通过 Pentimu(R) Dual-Core CPU E5300 2.6GHz 2.59GHz，1.99GB 内存的计算机进行 MATLAB 仿真实现的。

1. 超幂集空间中 20 个单子焦元进行随机非零基本概率赋值的实验结果对比

按照 4.4.4 节的蒙特卡罗仿真实验设计进行实验，得到的两种方法的实验结果如图 4-2、表 4-1 及表 4-2 所示。

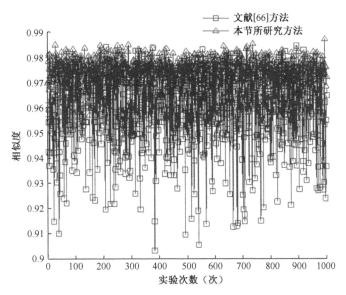

（a）仿真实验相似度对比

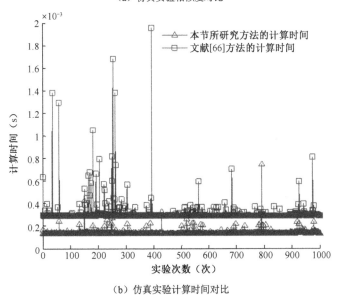

（b）仿真实验计算时间对比

图 4-2　超幂集空间中单子焦元数量为 20 情况下的蒙特卡罗仿真实验结果对比

表 4-1　推理融合结果相似度对比分析

方法	平均相似度	最低相似度	最高相似度
文献[66]方法	0.9587	0.9527	0.9844
本节所研究方法	0.9742	0.9519	0.9871

表 4-2　推理融合结果计算时间对比分析

方法	平均计算时间	最短计算时间	最长计算时间
文献[66]方法	0.0003103s	0.000289s	0.002s
本节所研究方法	0.00014s	0.000131s	0.000747s

由实验结果可知，经过 1000 次蒙特卡罗仿真实验，相比于文献[66]方法，本节所研究方法与 DSmT+PCR5 方法的推理融合结果的平均相似度更高，且最低的平均相似度也在 0.95 以上，说明本节所研究方法的推理融合结果具有高相似性；相比于文献[66]方法，本节所研究方法的平均计算时间减少约一半，说明本节所研究方法具有较低的计算复杂度。

2. 推理方法的高效性对比分析

在 4.4.3 节，我们已完成 3 种推理方法的计算复杂度的理论对比分析，但为了更直观地体现本节所研究方法的高效性，通过含有不同焦元数量的超幂集的两证据源推理算例，比较 3 种方法的运算性能，分析结果如表 4-3 所示。

表 4-3　3 种方法在不同焦元数量的超幂集中的运算性能比较

超幂集中的焦元数量	方法	加法运算次数（次）	乘法运算次数（次）	除法运算次数（次）	减法运算次数（次）
10000	DSmT+PCR5	399953796	399963796	199976898	—
	文献[66]方法	335344	166532	82958	—
	本节所研究方法	10001	70000	20000	10000
20000	DSmT+PCR5	1599901648	1599921648	799950824	—
	文献[66]方法	709510	340888	165714	—
	本节所研究方法	20001	140000	40000	20000

续表

超幂集中的焦元数量	方法	加法运算次数（次）	乘法运算次数（次）	除法运算次数（次）	减法运算次数（次）
30000	DSmT+PCR5	3599846872	3599876872	1799923436	—
	文献[66]方法	1085018	520204	244394	—
	本节所研究方法	30001	210000	60000	30000
50000	DSmT+PCR5	9999701168	9999751168	4999850584	—
	文献[66]方法	1950442	877918	429000	—
	本节所研究方法	50001	350000	100000	50000

由表 4-3 可知，本节所研究方法的加法运算次数小于文献[66]方法的 1/30，乘法运算次数小于文献[66]方法的 1/2，除法运算次数小于文献[66]方法的 1/4，对于其增加的焦元数量的减法运算，由于减法运算量较小，所以对计算复杂度影响很小，本节所研究方法的计算复杂度相较于其他方法极小。

3. 冲突敏感性对比分析

为了验证本节所研究方法可以有效地推理高冲突的多源不确定证据源信息，这里假设两个冲突证据源的超幂集为 $D^\Theta = \{a,b,c,d\}$，其上的概率赋值算例如表 4-4 所示。

表 4-4　两个冲突证据源概率赋值算例

证据源	a	b	c	d
S_1	$x-\varepsilon$	ε	$1-x-\varepsilon$	ε
S_2	ε	$y-\varepsilon$	ε	$1-y-\varepsilon$

假设 $\varepsilon = 0.01$，$x,y \in [0.02,0.98]$，当 x、y 分别在区间 $[0.02,0.98]$ 变化，幅度值为 0.01 时，求得文献[66]方法的推理融合结果与 DSmT+PCR5 方法对冲突证据信息推理融合结果的相似度如图 4-3 所示，同时求得本节所研究方法的推理融合结果与 DSmT+PCR5 方法推理融合结果的相似度如图 4-4 所示。本节所研究方法与 DSmT+PCR5 方法的推理融合结果的最低相似度为 0.9506，说明本节所研究方法对于多源不确定信息推理问题的处理非常有效。

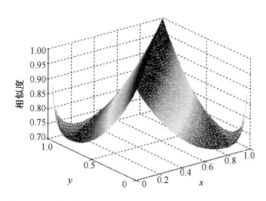

图 4-3　文献[66]方法的推理融合结果与 DSmT+PCR5 方法对冲突证据

信息推理融合结果的相似度

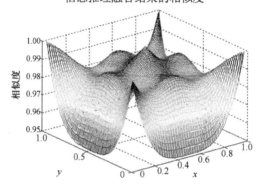

图 4-4　本节所研究方法的推理融合结果与 DSmT+PCR5 方法推理融合结果的相似度

　　由以上仿真实验结果对比分析可知，本节所研究方法相较于其他方法具有一定的优越性，可以对多源不确定信息进行有效的推理，计算复杂度低，但本节所研究方法仅适用于超幂集仅存在单子焦元的情况，4.5 节针对超幂集存在交多子焦元的情况，给出了适用的推理方法。

4.5　交多子焦元存在情况下的 DSmT–DS 多源不确定信息推理方法

4.5.1　算法步骤

　　由于交多子焦元存在两种不同的情况，即 Shafer 模型情况和混合

DSm 模型情况，所以在不同的情况下，交多子焦元的含义不同，处理方式也不同，下面分两种情况介绍本节所研究方法的算法步骤。

1. Shafer 模型情况

Shafer 模型下的交多子焦元，被认为是冲突焦元，其基本概率赋值是由于证据源的误差和信息的模糊而形成的。在本节的推理方法中，不对冲突交多子焦元进行预先解耦，而将其定义为一个与其他焦元都互斥的新的单子焦元，参与到本节所研究方法的不确定信息推理过程中，避免了已有的 DSmT 近似推理融合方法[67]解耦带来的信息损失。

假设超幂集有 n 个焦元，即 $\Theta=\{\theta_1,\theta_2,\cdots,\theta_n\}$，超幂集 D^{Θ} 中有部分交多子焦元存在。给定 k 个独立证据源 $S_1,S_2,\cdots,S_k$，对 D^{Θ} 中的焦元分别进行赋值，令 θ 代表任意焦元，θ_i 代表单子焦元，θ^C 代表交多子焦元。将求出冲突交多子焦元中相交的各单子焦元的函数定义为 $x(\theta^C)=\{\theta_1,\theta_2,\cdots,\theta_j\}(\theta_i\subset\theta^C)$。

本节所研究方法的算法步骤如下。

（1）将冲突交多子焦元定义为新的单子焦元，令 $\theta_i'=\theta^C$。

（2）对各焦元，求出其在另外证据源中补集的概率加和，即对于各证据源中的单子焦元 θ_i 和交多子焦元 θ_i'，其在另外证据源中补集的概率加和按照式（4-20）、式（4-21）计算。

$$m_1(\overline{\theta_i})=1-m_2(\theta_i),m_1(\overline{\theta_i'})=1-m_2(\theta_i') \tag{4-20}$$

$$m_2(\overline{\theta_i})=1-m_1(\theta_i),m_2(\overline{\theta_i'})=1-m_1(\theta_i') \tag{4-21}$$

（3）对每个证据源的焦元进行 PCR5 近似推理融合，按照式（4-22）计算。

$$\begin{aligned}
m_{12}(\theta_i)&=m_1(\theta_i)m_2(\theta_i)+\left[\frac{m_1(\theta_i)^2 m_2(\overline{\theta_i})}{m_1(\theta_i)+m_2(\overline{\theta_i})}+\frac{m_2(\theta_i)^2 m_1(\overline{\theta_i})}{m_2(\theta_i)+m_1(\overline{\theta_i})}\right]\\
m_{12}(\theta_i')&=m_1(\theta_i')m_2(\theta_i')+\left[\frac{m_1(\theta_i')^2 m_2(\overline{\theta_i'})}{m_1(\theta_i')+m_2(\overline{\theta_i'})}+\frac{m_2(\theta_i')^2 m_1(\overline{\theta_i'})}{m_2(\theta_i')+m_1(\overline{\theta_i'})}\right]
\end{aligned} \tag{4-22}$$

（4）对得到的初步推理融合结果归一化，平均各焦元近似推理融合造成的概率损失，得到单子焦元 θ_i 和交多子焦元 θ_i' 的近似融合概率赋值：

$$m_{12}^{\text{PCR}}(\theta_i) = \frac{m_{12}(\theta_i)}{\sum m_{12}(\theta_i') + \sum m_{12}(\theta_i)}$$

$$m_{12}^{\text{PCR}}(\theta_i') = \frac{m_{12}(\theta_i')}{\sum m_{12}(\theta_i') + \sum m_{12}(\theta_i)}$$

（4-23）

（5）因为 Shafer 模型下交多子焦元为冲突焦元，所以将推理融合结果中其基本概率赋值按照参与其中的单子焦元基本概率赋值的比例分配给单子焦元，得到最后的推理融合结果 $m_{12}(\theta_i)$：

$$m_{12}(\theta_i) = m_{12}^{\text{PCR}}(\theta_i), \forall \theta_i \notin x(\theta^C)$$

$$m_{12}(\theta_i) = m_{12}^{\text{PCR}}(\theta_i) + \frac{m_{12}^{\text{PCR}}(\theta_i)}{\sum\limits_{\theta_i \in x(\theta^C)} m_{12}^{\text{PCR}}(\theta_i)} m_{12}^{\text{PCR}}(\theta^C), \forall \theta_i \in x(\theta^C)$$

（4-24）

2. 混合 DSm 模型情况

在混合 DSm 模型下，部分单子焦元存在交集，这是由于该模型下识别框架中的焦元代表相对、模糊的概念，所以它们之间的过渡是连续的。

（1）计算融合形成的非冲突的交多子焦元：

$$\forall \theta_i, \theta_j, \theta_i \bigcap \theta_j = \theta^C \in D^\Theta$$

$$m_{12}(\theta^C) = \sum_{\forall(\theta_i \bigcap \theta_j) = \theta^C} m_1(\theta_i) m_2(\theta_j)$$

（4-25）

（2）定义两个证据源中基本概率赋值为 $m_1(\theta_i)$ 的证据源为证据源 1，基本概率赋值为 $m_2(\theta_i)$ 的证据源为证据源 2。证据源 1 中的各焦元与证据源 2 中 θ_i 焦元进行步骤（1）操作的集合为 $\theta^{1\text{off}}$；证据源 2 中各焦元与证据源 1 中 θ_i 焦元进行步骤（1）操作的集合为 $\theta^{2\text{off}}$，则 θ_i 在各证据源中补集的概率加和为

$$m_1(\overline{\theta_i}) = 1 - m_2(\theta_i) - \sum m_2(\theta), \theta \in \theta^{2\text{off}}$$

$$m_2(\overline{\theta_i}) = 1 - m_1(\theta_i) - \sum m_2(\theta), \theta \in \theta^{1\text{off}}$$

（4-26）

（3）对每个证据源的单子焦元和交多子焦元进行如式（4-22）所示的近似推理融合。

（4）结合步骤（1）操作中求出的 $m_{12}(\theta^C)$，对步骤（3）操作的任意焦元 θ 的初步推理融合结果归一化：

$$m_{12}^{\text{PCR}}(\theta) = m_{12}(\theta) + \frac{m_{12}(\theta)(1 - \sum(m_{12}(\theta^C) + m_{12}(\theta)))}{\sum m_{12}(\theta)} \qquad （4\text{-}27）$$

（5）得到最后的推理融合结果：

$$\begin{aligned} m_{12}^{\text{PCR}'}(\theta_i) &= m_{12}^{\text{PCR}}(\theta_i) \\ m_{12}^{\text{PCR}'}(\theta^C) &= m_{12}^{\text{PCR}}(\theta^C) + m_{12}(\theta^C) \end{aligned} \qquad （4\text{-}28）$$

4.5.2　计算复杂度分析

针对两个证据源，PCR5 规则如式（2-7）所示，本节所研究方法的推理规则如式（4-20）～式（4-28）所示，其中，D^Θ 代表超幂集，$\theta_i(i \in [1,2,\cdots,n])$ 代表单子焦元，n 和 c 分别代表单子焦元和交多子焦元的个数。下面分别对 DSmT+PCR5 方法、文献[67]方法、本节所研究方法进行分析。

假设一次乘法运算的计算复杂度用 K 表示，一次加法运算的计算复杂度用 Σ 表示，一次除法运算的计算复杂度用 Ψ 表示，一次减法运算的计算复杂度用 B 表示。

1. Shafer 模型情况

DSmT+PCR5 方法的计算复杂度如式（4-3）所示。

文献[67]方法的计算复杂度为

$$\begin{aligned} o(n) = {}&[2(\log_2 n - 2)n + 4]\Sigma + (n-1)[10K + 4\Psi + 8\Sigma] + \\ &2(\log_2 n - 1)n\Psi + n(\log_2 n - 1)K + \Delta \end{aligned} \qquad （4\text{-}29）$$

本节所研究方法的计算复杂度为

$$o(n) = (n+c)B + 7(n+c)K + [3(n+c)+1]\Sigma + (3n+2c)\Psi + \Delta \qquad （4\text{-}30）$$

其中，Δ 与证据源中交多子焦元的计算复杂度成正比，代表交多子焦元基本概率赋值解耦中的计算复杂度，由于交多子焦元内部可能含有 2～n（$n > 2$）个单子焦元，则其计算复杂度与交多子焦元的复杂程度正相关，

变化区间为 $[4c(K+\Psi+2\Sigma),2nc(K+\Psi+2\Sigma)]$ 。

2. 混合 DSm 模型情况

DSmT+PCR5 方法的计算复杂度如式（4-4）所示。

本节所研究方法的计算复杂度为

$$o(n)=(n+c)B+7(n+c)K+[3(n+c)+1]\Sigma+(3n+2c)\Psi-$$
$$x(2K+2\Psi+4\Sigma)+y\Sigma \qquad （4-31）$$

可见在两种模型情况下，本节所研究方法的计算复杂度均与 $(n+c)$ 呈线性关系，与其他方法计算复杂度相比减小显著。

4.5.3　Shafer 模型情况下的仿真实验结果对比分析

本节的仿真实验设计相比于 4.4.4 节的仿真实验设计，在超幂集中增加了交多子焦元，通过 1000 次蒙特卡罗仿真实验，得到不同方法的实验结果。

1. 交多子焦元复杂程度低的情况

给定两个证据源，超幂集相比于 4.4.4 节仿真实验设计的超幂集增加 1 个交多子焦元 $\theta_1 \cap \theta_5 \cap \theta_{10} \cap \theta_{20}$ ，即 $D^{\Theta}=\{\theta_1,\theta_2,\cdots,\theta_{20},\theta_1 \cap \theta_5 \cap \theta_{10} \cap \theta_{20}\}$ 。通过 1000 次蒙特卡罗仿真实验，随机产生不确定证据信息进行不确定信息推理，得到在 Shafer 模型复杂程度低的情况下蒙特卡罗实验结果对比如图 4-5 所示。

文献[67]方法与 DSmT+PCR5 方法结果的平均相似度为 0.9578，平均计算时间为 3.274×10^{-4}s；本节所研究方法与 DSmT+PCR5 方法结果的平均相似度为 0.9741，平均计算时间为 1.491×10^{-4}s。由实验结果分析可知：本节所研究方法与 DSmT+PCR5 方法结果的平均相似度略高于文献[67]方法，平均计算时间仅为文献[67]方法的 45%左右，计算效率显著提高。

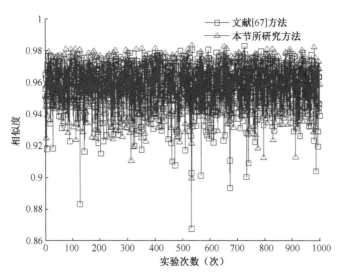

（a）两种方法结果与 DSmT+PCR5 方法结果的相似度对比

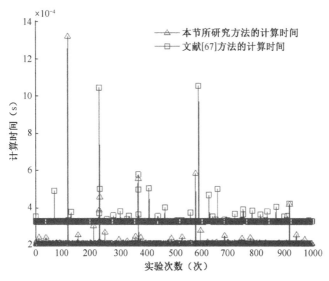

（b）两种方法的计算时间对比

图 4-5 在 Shafer 模型复杂程度低的情况下蒙特卡罗实验结果对比

2. 交多子焦元复杂程度高的情况

给定两个证据源，超幂集中存在 4 个交多子焦元，即 $P^{\Theta} = \{\theta_1, \theta_2, \cdots,$ $\theta_{10}, \theta_1 \bigcap \theta_3 \bigcap \theta_5 \bigcap \theta_{10}, \theta_3 \bigcap \theta_5 \bigcap \theta_{10}, \theta_1 \bigcap \theta_3, \theta_2 \bigcap \theta_4\}$。在 Shafer 模型复杂程度高的情况下蒙特卡罗实验结果对比如图 4-6 所示。

文献[67]方法与 DSmT+PCR5 方法结果的平均相似度为 0.9429,平均计算时间为 1.624×10^{-4}s;本节所研究方法与 DSmT+PCR5 方法结果的平均相似度为 0.9684,平均计算时间为 1.135×10^{-4}s。由实验结果分析可知:本节所研究方法与 DSmT+PCR5 方法结果的平均相似度略高于文献[67]方法,平均计算时间为文献[67]方法的 69.87%,仍具有计算效率的优越性。

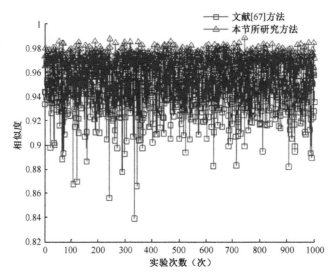

(a)两种方法结果与 DSmT+PCR5 方法结果相似度对比

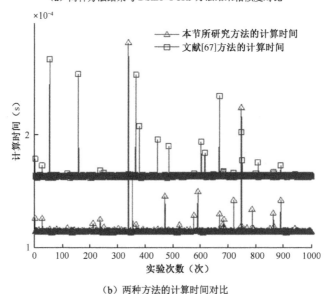

(b)两种方法的计算时间对比

图 4-6　在 Shafer 模型复杂程度高的情况下蒙特卡罗实验结果对比

3. 高冲突证据源情况

假设两个冲突证据源的超幂集为 $D^{\Theta} = \{a, b, c, d, a \cap c, b \cap d\}$，其上的概率赋值算例如表 4-5 所示。

表 4-5　两个冲突证据源的超幂集上的概率赋值算例

冲突证据源	概率赋值算例					
	a	b	c	d	$a \cap c$	$b \cap d$
S_1	$x - 2\varepsilon$	ε	ε	ε	$1 - x - 2\varepsilon$	ε
S_2	ε	$y - 2\varepsilon$	ε	ε	ε	$1 - y - 2\varepsilon$

假设 $\varepsilon = 0.01$，x、$y \in [0.02, 0.98]$，当 x、y 在区间中变化的幅度值为 0.01 时，Shafer 模型高冲突情况下蒙特卡罗实验相似度对比如图 4-7 所示。

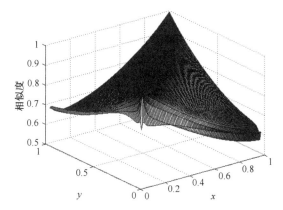

（a）文献[67]方法与 DSmT+PCR5 方法结果的相似度

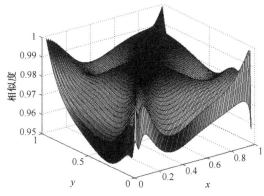

（b）本节所研究方法与 DSmT+PCR5 方法结果的相似度

图 4-7　Shafer 模型高冲突情况下蒙特卡罗实验相似度对比

文献[67]方法与 DSmT+PCR5 方法结果的平均相似度为 0.8365，平均计算时间为 1.065×10^{-4}s；本节所研究方法与 DSmT+PCR5 方法结果的平均相似度为 0.9850，平均计算时间为 0.526×10^{-4}s。从实验结果分析可知：在高冲突证据源情况下，文献[67]方法与 DSmT+PCR5 方法结果的相似度随冲突程度的变化而发生明显变化，而本节所研究方法对高冲突证据源能保证相当高的相似度，均值维持在 0.9800 以上，且计算时间仍然明显优于文献[67]方法。

4.5.4　混合 DSm 模型情况下的仿真实验结果对比分析

1. 交多子焦元复杂程度低的情况

给定两个证据源，$P^{\Theta}=\{\theta_1,\theta_2,\cdots,\theta_{20},\theta_1\bigcap\theta_5\bigcap\theta_{10}\bigcap\theta_{20}\}$，混合 DSm 模型复杂程度低的情况下蒙特卡罗实验结果对比如图 4-8 所示。

本节所研究方法与 DSmT+PCR5 方法结果的平均相似度为 0.9710。本节所研究方法的平均计算时间为 1.740×10^{-4}s；而 DSmT+PCR5 方法的平均计算时间为 19×10^{-4}s。由实验结果分析可知：本节所研究方法在 DSm 模型

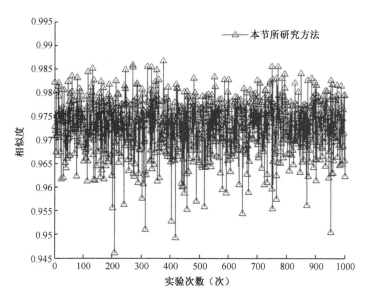

（a）本节所研究方法结果与 DSmT+PCR5 方法结果相似度对比

图 4-8　混合 DSm 模型复杂程度低的情况下蒙特卡罗实验结果对比

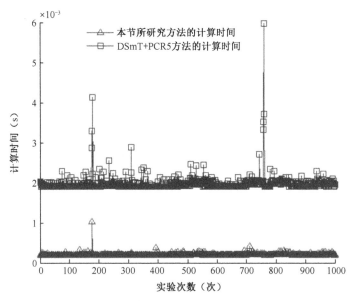

（b）本节所研究方法与 DSmT+PCR5 方法的计算时间对比

图 4-8　混合 DSm 模型复杂程度低情况下蒙特卡罗实验结果对比（续）

下交多子焦元基本概率赋值非零且复杂程度低的情况下，与 DSmT+PCR5 方法推理融合结果的平均相似度维持在 0.9700 以上，且计算时间显著减少，仅为 DSmT+PCR5 方法的计算时间的 10%左右，具有一定的优越性。

2. 交多子焦元复杂程度高的情况

给定两个证据源，$D^{\Theta} = \{\theta_1, \theta_2, \cdots, \theta_{10}, \theta_1 \cap \theta_3 \cap \theta_5 \cap \theta_{10}, \theta_3 \cap \theta_5 \cap \theta_{10}, \theta_1 \cap \theta_3, \theta_2 \cap \theta_4\}$。混合 DSm 模型复杂程度高的情况下蒙特卡罗实验结果对比如图 4-9 所示。

本节所研究方法与 DSmT+PCR5 方法结果的平均相似度为 0.9604。本节所研究方法的平均计算时间为 1.693×10^{-4}s；而 DSmT+PCR5 方法的平均计算时间为 8.467×10^{-4}s。由实验结果分析可知：本节所研究方法在 DSm 模型下交多子焦元复杂程度高的情况下，与 DSmT+PCR5 方法结果的相似度维持在 0.9600 以上，且计算时间仅为 DSmT+PCR5 方法的 20%左右，显著减少。

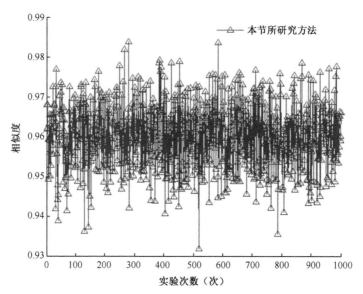

（a）本节所研究方法结果与 DSmT+PCR5 方法结果相似度对比

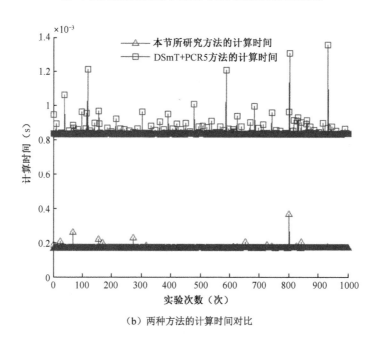

（b）两种方法的计算时间对比

图 4-9　混合 DSm 模型复杂程度高的情况下蒙特卡罗实验结果对比

3. 高冲突证据源情况

假设两个冲突证据源的超幂集为 $D^{\varTheta} = \{a,b,c,d,a \bigcap c,b \bigcap d\}$，其上的

概率赋值如表 4-5 所示，交多子焦元基于混合 DSm 模型。混合 DSm 模型高冲突情况下蒙特卡罗实验相似度对比如图 4-10 所示。

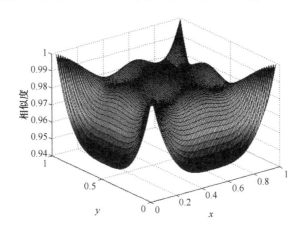

图 4-10　混合 DSm 模型高冲突情况下蒙特卡罗实验相似度对比

本节所研究方法与 DSmT+PCR5 方法结果的平均相似度为 0.9813。本节所研究方法的平均计算时间为 0.761×10^{-4}s；而 DSmT+PCR5 方法的平均计算时间为 1.664×10^{-4}s。由实验结果可知：本节所研究方法在证据源的超幂集各焦元为 DSm 模型且证据源高冲突的情况下，与 DSmT+PCR5 方法推理融合结果的相似度仍能维持在 0.9800 以上，保持了较高的精度。

从仿真实验对比分析可知，现有的 DSmT 近似推理方法，仅能处理 Shafer 模型下的融合问题，且预先解耦造成了一定的信息损失，本节所研究的 DSmT 近似推理融合方法，可以有效地处理 Shafer 模型或混合 DSm 模型下的推理融合问题，且推理融合结果精度较高，计算效率也显著提高。

4.6　本章小结

本章分别研究了仅单子焦元存在情况下和交多子焦元存在情况下的 DSmT-DS 多源不确定信息推理方法。通过计算复杂度分析及仿真实验结果分析，可得到结论：与 DSmT+PCR5 方法和文献[66,67]方法相比，本章所研究的两种推理方法的计算复杂度最小；与文献[66,67]方法的融合结果相比，本章所研究的两种推理方法推理融合结果与 DSmT+PCR5 方法推理融合结果的相似度最高。

然而，是否可以在牺牲较小计算量的前提下，得到与 DSmT+PCR5 方法在数学上更加精确的近似推理融合结果；是否可以对需要融合的证据源数量大于 2 情况下的 DSmT+PCR6 方法进行同样有效的近似推理，仍然是非常值得关注的问题，笔者在第 5 章将对这两个问题做出更加深入的研究和探索。

第 5 章
基于证据聚类和凸函数分析的 DSmT 多源不确定信息推理方法

5.1 引言

DSmT 框架下的 PCR5 规则方法和 PCR6 规则方法是有效的多源不确定信息推理方法，但随着超幂集中焦元数量的线性增多，PCR5 及 PCR6 的计算复杂度呈指数级增长，限制了其在复杂场景中的应用。本书第 4 章对两个证据源情况（二源情况）下的 DSmT+PCR5 方法进行了改进，分别研究了仅单子焦元存在情况下和交多子焦元存在情况下的 DSmT-DS 多源不确定信息推理方法，相比于已有的 DSmT 近似推理融合方法，第 4 章所研究方法与 DSmT+PCR5 方法推理融合结果有较高的相似度，且计算复杂度显著减小。

为了能够得到与 DSmT 框架下的 PCR5 规则和 PCR6 规则推理融合结果相似度更高的推理方法，首先，本章针对二源情况下的 DSmT+PCR5 方法展开近似推理研究，相比于第 4 章所研究方法，以牺牲较小计算量为代价，研究一种相似度更高的二源情况下基于证据聚类和凸函数分析的 DSmT 近似推理方法；其次，针对多个证据源情况（多源情况）下的 DSmT+PCR6 方法展开近似推理研究，研究一种高相似度的多源情况下基于证据聚类和凸函数分析的 DSmT 近似推理方法。仿真实验证明，本章所研究方法的推理融合结果与 DSmT+PCR5 方法及 DSmT+PCR6 方法推理融合结果的相似度较高，且该方法的计算复杂度较低，具有一定的理论研究和工程借鉴价值。

5.2 二源情况下基于证据聚类和凸函数分析的 DSmT 近似推理方法

5.2.1 数学分析推理过程

DSmT+PCR5 规则如式（2-6）所示，对其中的基本概率赋值按比例分配部分进行数学分析，即 $\sum\limits_{\substack{Y\in D^{\Theta}/X \\ X\cap Y=\phi}}\left[\dfrac{m_1(X)^2 m_2(Y)}{m_1(X)+m_2(Y)}+\dfrac{m_2(X)^2 m_1(Y)}{m_2(X)+m_1(Y)}\right]$，由

于其对称性，故对其中任意一项分式，如 $\dfrac{m_1(X)^2 m_2(Y)}{m_1(X)+m_2(Y)}$ 进行分析。

令 $m_1(X)=a$，$m_2(Y)=b$，得

$$\frac{m_1(X)^2 m_2(Y)}{m_1(X)+m_2(Y)}=\frac{a^2 b}{a+b}=a^2\left[1-a\left(\frac{1}{a+b}\right)\right] \tag{5-1}$$

则式（2-6）中基本概率赋值按比例分配部分可以变换为

$$\sum_{\substack{Y\in D^{\Theta}/X \\ X\cap Y=\phi}}\left[\frac{m_1(X)^2 m_2(Y)}{m_1(X)+m_2(Y)}\right]=a^2\left[n-a\left(\frac{1}{a+b_1}+\frac{1}{a+b_2}+\cdots+\frac{1}{a+b_n}\right)\right], \tag{5-2}$$

$$b_1,b_2,\cdots b_n\in Y$$

对式（5-2）中 $\dfrac{1}{a+b_1}+\dfrac{1}{a+b_2}+\cdots+\dfrac{1}{a+b_n}$ 的任意一项分式进行分析，

令 $f(x)=\dfrac{1}{a+x}$，$x=b_1,b_2,\cdots,b_n$。

根据凸函数定理，由于函数 $f(x)$ 在区间 $[0,1]$ 上连续，在区间 $(0,1)$ 内有二阶导数，且 $f''(x)>0$ 在区间 $(0,1)$ 内成立，满足凸函数性质，故

$$\frac{1}{n}\left[f(x_1)+f(x_2)+\cdots+f(x_n)\right]\leqslant f\left(\frac{x_1+x_2+\cdots+x_n}{n}\right)$$

当且仅当 $x_1,x_2,\cdots,x_n$ 相等时，等号成立。

由于 $\dfrac{1}{a+b_1}+\dfrac{1}{a+b_2}+\cdots+\dfrac{1}{a+b_n}$ 满足凸函数性质，故基于以上凸函数

定理，给出式（5-2）的 $\dfrac{1}{a+b_1}+\dfrac{1}{a+b_2}+\cdots+\dfrac{1}{a+b_n}$ 的凸函数近似公式：

$$\frac{1}{a+x_1}+\frac{1}{a+x_2}+\cdots+\frac{1}{a+x_n}=\frac{n}{a+(x_1+x_2+\cdots+x_n)/n}+\Delta, \tag{5-3}$$

$$\Delta\geqslant 0,\ \Delta=0\ \text{iff}\ x_1=x_2=\cdots=x_n$$

令 $x_1\leqslant x_2\leqslant\cdots\leqslant x_i\leqslant\cdots\leqslant x_n$，进行凸函数近似公式的误差分析，由于

式（5-3）中左侧部分有 n 项，而右侧部分的 $\dfrac{n}{a+(x_1+x_2+\cdots+x_n)/n}$ 可以拆分

为 n 项 $\dfrac{1}{a+(x_1+x_2+\cdots+x_n)/n}$ 的和，则误差项可以表示为 n 项差的和，即

$$\Delta = \left[\frac{1}{a+x_1} - \frac{1}{a+(x_1+x_2+\cdots+x_n)/n}\right] +$$
$$\left[\frac{1}{a+x_2} - \frac{1}{a+(x_1+x_2+\cdots+x_n)/n}\right] + \cdots + \qquad (5\text{-}4)$$
$$\left[\frac{1}{a+x_n} - \frac{1}{a+(x_1+x_2+\cdots+x_n)/n}\right]$$

分析式（5-4）中的第 i 项（$i=1,2,\cdots,n$），令 $(x_1+x_2+\cdots+x_n)/n = x_0$，$x_0$ 可理解为某一特定的值，则式（5-4）中等式右边的 n 项差的和中每一项差可以表示为

$$\frac{1}{a+x_i} - \frac{1}{a+(x_1+x_2+\cdots+x_n)/n} = \frac{1}{a+x_i} - \frac{1}{a+x_0} \qquad (5\text{-}5)$$

对式（5-5）进行泰勒展开：

$$\frac{1}{a+x_i} - \frac{1}{a+x_0} = f'(x_0)(x_i-x_0) + \frac{f''(x_0)}{2}(x_i-x_0)^2 +$$
$$\frac{f'''(\delta)}{3!}(x_i-x_0)^3, \delta \in (x_i,x_0) \text{ 或 } (x_0,x_i) \qquad (5\text{-}6)$$

基于泰勒展开定理，将 3 阶及以上导数项的误差记为 $\sum\limits_{i=1}^{n} o(x_i-x_0)^2$，

则式（5-4）可转化为

$$\Delta = \frac{1}{a+x_1} + \frac{1}{a+x_2} + \cdots + \frac{1}{a+x_n} - \frac{n}{a+(x_1+x_2+\cdots+x_n)/n}$$
$$= f'(x_0)[(x_1-x_0) + (x_2-x_0) + \cdots + (x_n-x_0)] + \qquad (5\text{-}7)$$
$$\frac{f''(x_0)}{2}[(x_1-x_0)^2 + (x_2-x_0)^2 + \cdots + (x_n-x_0)^2] + \sum\limits_{i=1}^{n} o(x_i-x_0)^2$$

由于 $f'(x_0)[(x_1-x_0) + (x_2-x_0) + \cdots + (x_n-x_0)] = 0$，故式（5-7）中的 1
阶导数项均为 0，仅留有 2 阶导数项和误差项，可以表示为

$$\frac{1}{a+x_1}+\frac{1}{a+x_2}+\cdots+\frac{1}{a+x_n}-\frac{n}{a+(x_1+x_2+\cdots+x_n)/n}$$

$$=\frac{f''(x_0)}{2}\sum_{i=1}^{n}(x_i-x_0)^2+\sum_{i=1}^{n}o(x_i-x_0)^2 \tag{5-8}$$

其中，泰勒展开式的误差项分析为

$$\sum_{i=1}^{n}o(x_i-x_0)^2=\frac{f'''(x_0)}{3!}[(x_1-x_0)^3+(x_2-x_0)^3+\cdots+(x_n-x_0)^3]+$$

$$\frac{f^4(x_0)}{4!}[(x_1-x_0)^4+(x_2-x_0)^4+\cdots+(x_n-x_0)^4]+\cdots+ \tag{5-9}$$

$$\frac{f^k(x_0)}{k!}[(x_1-x_0)^k+(x_2-x_0)^k+\cdots+(x_n-x_0)^k]$$

对 $f(x)$ 的 m 阶导数 $\left|f^{(m)}(x)\right|$ $(m=2,3,\cdots,\infty)$ 进行分析，首先求 m 阶导数和 $m-1$ 阶导数的关系：

$$\left|f^{(m)}(x)\right|=\left|\left(\frac{1}{a+x}\right)^{(m)}\right|=m\left(\frac{1}{a+x}\right)^{(m-1)} \tag{5-10}$$

则如式（5-9）所示的泰勒展开式中具有对称性的任意一项分式可表示为 $\frac{f^{(m)}(x_0)}{m!}(x-x_0)^m$，其中 m 代表误差项所取的阶数，分析高阶误差项是否会随着阶数的增加而逐渐变小，选取任意低阶误差绝对值，将其与高阶误差绝对值相减，对结果进行如下分析：

$$\left|\frac{f^{(m-1)}(x_0)}{(m-1)!}(x-x_0)^{m-1}\right|-\left|\frac{f^{(m)}(x_0)}{m!}(x-x_0)^m\right|$$

$$=\frac{1}{(m-2)!}\left(\frac{1}{a+x_0}\right)^{(m-2)}\left|(x-x_0)^{m-1}\right|-\frac{1}{(m-1)!}\left(\frac{1}{a+x_0}\right)^{(m-1)}\left|(x-x_0)^m\right| \tag{5-11}$$

$$=\frac{1}{(m-2)!}\left(\frac{1}{a+x_0}\right)^{(m-2)}\left|(x-x_0)^{m-1}\right|\left(1-\frac{1}{(m-1)}\left(\frac{1}{a+x_0}\right)|x-x_0|\right)$$

若 $x\leqslant x_0$，$|x-x_0|=x_0-x<x_0+a$，则

$$\left|\frac{f^{(m-1)}(x_0)}{(m-1)!}(x-x_0)^{m-1}\right|>\left|\frac{f^{(m)}(x_0)}{m!}(x-x_0)^m\right| \tag{5-12}$$

若 $m \geq 2$，$x > x_0$，$x < a + 2x_0$，则

$$\frac{1}{(m-1)}\left(\frac{1}{a+x_0}\right)|(x-x_0)| > 0 \tag{5-13}$$

因此，若 $x_i < a + 2x_0 (i = 1, 2, \cdots, n)$，则

$$\left|\frac{f^{(m-1)}(x_0)}{(m-1)!}(x_i - x_0)^{m-1}\right| > \left|\frac{f^{(m)}(x_0)}{m!}(x_i - x_0)^m\right|, m \geq 2 \tag{5-14}$$

即证明高阶误差相比于低阶误差逐步减小，随着阶数的增加，高阶误差趋于无穷小，所以

$$\left|\frac{f''(x_0)}{2}(x_i - x_0)^2\right| > \left|\frac{f'''(x_0)}{3!}(x_i - x_0)^3\right| > \cdots > \left|\frac{f^{(m)}(x_0)}{m!}(x_i - x_0)^m\right| \tag{5-15}$$

由于高阶误差趋于无穷小，故本节忽略 4 阶及以上的误差，又由于 3 阶误差项为奇数项，故对 3 阶误差 $\frac{f^3(x_0)}{3!}(x_i - x_0)^3$ 中的每一项 $x_i(i = 1, 2, \cdots, n)$ 都存在抵消的现象。若 $x_i < a + 2x_0 (i = 1, 2, \cdots, n)$，则证明抵消现象明显；若 $x_i < a + 2x_0 (i = 1, 2, \cdots, n)$，则忽略 3 阶及以上的误差项。

因此，式（5-7）的泰勒展开式可近似表示为二阶误差项，即

$$a^2\left(\frac{x_1}{a+x_1} + \frac{x_2}{a+x_2} + \cdots + \frac{x_n}{a+x_n}\right) - a^2\left(\frac{(x_1 + x_2 + \cdots + x_n)}{a + (x_1 + x_2 + \cdots + x_n)/n}\right) \tag{5-16}$$

$$\approx a^2 \frac{f''(x_0)}{2}\sum_{i=1}^{n}(x_i - x_0)^2 = a^2\frac{\sum_{i=1}^{n}(x_i - x_0)^2}{2(a+x_0)^3}$$

由以上误差分析可知，凸函数近似展开式的误差主要与 $\sum_{i=1}^{n}(x_i - x_0)^2$ 和 $\frac{a^2}{2(a+x_0)^3}$ 有关。

由分式 $\frac{a^2}{2(a+x_0)^3}$ 的性质可知，若聚类集合均值 x_0 的数值增加，则 $\frac{a^2}{2(a+x_0)^3}$ 会相应地迅速降低；当聚类集合 $\{x_i\}$ 不是特别发散时，

$\sum_{i=1}^{n}(x_i - x_0)^2$ 会明显小于聚类集合发散的情况。

故得出结论，若聚类集合 $\{x_i\}$ 较集中，且聚类集合均值 x_0 较大，则凸函数近似公式的误差较小。

5.2.2　二源情况的 DSmT 证据聚类方法

基于 5.2.1 节的分析，为了减小误差，并保证后续计算量较少，给出如下 DSmT 证据聚类方法。

假设有一条证据 x，焦元数量为 n，证据在各个焦元的基本概率赋值组成一个集合，记为 $x = \{x_i\}(i = 1, 2, \cdots, n)$。

（1）以 $\dfrac{2}{n}$ 为标准，将每条证据中各个焦元的基本概率赋值与 $\dfrac{2}{n}$ 进行比较。

（2）将所有 $x_i \geq \dfrac{2}{n}$ 的基本概率赋值划分为一类，使其成为集合，记为 $x^L = \{x_i \geq \dfrac{2}{n}\}(i = 1, 2, \cdots, n)$，求出集合 x^L 中的基本概率赋值和 $S_L = \mathrm{sum}\{x^L\}$，统计集合 x^L 中元素的数量 n_L。

（3）将所有 $x_i < \dfrac{2}{n}$ 的基本概率赋值划分为另一类，使其成为集合，记为 $x^Q = \{x_i < \dfrac{2}{n}\}(i = 1, 2, \cdots, n)$。

（4）若 $x_i \in x^Q$，则按照 x^Q 中各元素数值的大小对 x_i 进行降序排列，每次选取第一个 x_i，记为 $x_{i\max}$，若 $x_{i\max} \geq \dfrac{2(1-S_L)}{n - n_L}$，则 $x_{i\max}$ 被重新归入第一个集合 x^L。

（5）重复步骤（4），直至 $x_{i\max} < \dfrac{2(1-S_L)}{n - n_L}$，聚类结束，各焦元的基本概率赋值组成的集合 $\{x_i\}$ 中的各元素被聚类为没有交集的两个集合，分别为 x^L 和 x^Q，且 $x = x^L \bigcup x^Q$。

（6）计算两个集合 x^L 和 x^Q 的基本概率赋值之和及元素数量。

通过以上 DSmT 证据聚类方法，得到两个基本概率赋值集合 x^L 和 x^Q。由式（5-16）所示的误差分析式可知，如果 x^L 中的元素数值较大，那么有可能会出现各元素与聚类中心 x_0 的距离平方和较大的情况，即式（5-16）中的 $\sum_{i=1}^{n}(x_i - x_0)^2$ 较大，但若 x^L 中的元素数值较大，则 x^L 中的聚类中心 x_0 的数值就相应较大，式（5-16）中的 $\frac{a^2}{2(a+x_0)^3}$ 较小，我们可以认为其误差相对于其他聚类方式较小；而集合 x^Q 中的元素数值均较小，且较为集中，即式（5-16）中的 $\sum_{i=1}^{n}(x_i - x_0)^2$ 较小，即使式（5-16）中的 $\frac{a^2}{2(a+x_0)^3}$ 较大，我们也可认为其误差相对于其他聚类方式较小。

因此，在运用凸函数近似公式之前进行以上证据聚类，将证据的基本概率赋值分为两类，可以有效地降低对 DSmT+PCR5 方法进行近似带来的误差。由于误差较小，且在之前的分析中由凸函数性质可知，所有项的误差均大于 0，所以最后采取归一化的方法，进行凸函数近似推理融合，并对其形成的初步推理融合结果进行优化，得到归一化后的近似推理融合结果。

5.2.3　算法步骤描述

根据 5.2.1 节中对 DSmT+PCR5 方法的数学分析和 5.2.2 节给出的 DSmT 证据聚类方法，给出基于证据聚类和凸函数分析的 DSmT 近似推理方法的算法步骤。

假设存在集合 $\{c\}$，将求取集合各项加和的函数定义为 $\mathrm{Sum}\{c\} = \sum\{c\}$，将求取集合均值的函数定义为 $\mathrm{Mean}(\{c\}) = \frac{\sum\{c\}}{\mathrm{number}\{c\}}$，$\mathrm{number}\{c\}$ 代表集合 $\{c\}$ 的元素个数。

（1）基于 5.2.2 节中的 DSmT 证据聚类方法对每条证据进行聚类。以两个证据源为例，假设两条证据在各焦元上的基本概率赋值组成的两个集合分别为 $x = \{x_i\}, y = \{y_i\}(i = 1, 2, \cdots, n)$，对每条证据进行 DSmT 证据聚类后，每条证据在各焦元上的基本概率赋值可以聚类为两个集合，分别为 $x^L, x^Q, x^L \bigcup x^Q = x$，以及 $y^L, y^Q, y^L \bigcup y^Q = y$。

（2）近似计算各焦元的初步近似推理融合结果：

$$
m_{\text{CONVEX}}(i) = \begin{cases}
\begin{aligned}
& x_i y_i + \dfrac{x_i^2 \operatorname{Sum}\{y^L / y_i\}}{x_i + \operatorname{Mean}\{y^L / y_i\}} + \dfrac{x_i^2 \operatorname{Sum}\{y^Q\}}{x_i + \operatorname{Mean}\{y^Q\}} + \\
& \dfrac{y_i^2 \operatorname{Sum}\{x^L / x_i\}}{y_i + \operatorname{Mean}\{x^L / x_i)} + \dfrac{y_i^2 \operatorname{Sum}\{x^Q\}}{y_i + \operatorname{Mean}\{x^Q\}}, \\
& y_i \in y^L, x_i \in x^L
\end{aligned} \\[2mm]
\begin{aligned}
& x_i y_i + \dfrac{x_i^2 \operatorname{Sum}\{y^L\}}{x_i + \operatorname{Mean}\{y^L\}} + \dfrac{x_i^2 \operatorname{Sum}\{y^Q / y_i\}}{x_i + \operatorname{Mean}\{y^Q / y_i\}} + \\
& \dfrac{y_i^2 \operatorname{Sum}\{x^L / x_i\}}{y_i + \operatorname{Mean}\{x^L / x_i)} + \dfrac{y_i^2 \operatorname{Sum}\{x^Q\}}{y_i + \operatorname{Mean}\{x^Q\}}, \\
& y_i \in y^Q, x_i \in x^L
\end{aligned} \\[2mm]
\begin{aligned}
& x_i y_i + \dfrac{x_i^2 \operatorname{Sum}\{y^L\}}{x_i + \operatorname{Mean}\{y^L\}} + \dfrac{x_i^2 \operatorname{Sum}\{y^Q / y_i\}}{x_i + \operatorname{Mean}\{y^Q / y_i\}} + \\
& \dfrac{y_i^2 \operatorname{Sum}\{x^L\}}{y_i + \operatorname{Mean}\{x^L\}} + \dfrac{y_i^2 \operatorname{Sum}\{x^Q / x_i\}}{y_i + \operatorname{Mean}\{x^Q / x_i\}}, \\
& y_i \in y^Q, x_i \in x^Q
\end{aligned} \\[2mm]
\begin{aligned}
& x_i y_i + \dfrac{x_i^2 \operatorname{Sum}\{y^L / y_i\}}{x_i + \operatorname{Mean}\{y^L / y_i\}} + \dfrac{x_i^2 \operatorname{Sum}\{y^Q\}}{x_i + \operatorname{Mean}\{y^Q\}} + \\
& \dfrac{y_i^2 \operatorname{Sum}\{x^L\}}{y_i + \operatorname{Mean}\{x^L\}} + \dfrac{y_i^2 \operatorname{Sum}\{x^Q / x_i\}}{y_i + \operatorname{Mean}\{x^Q / x_i\}}, \\
& y_i \in y^L, x_i \in x^Q
\end{aligned}
\end{cases}
\tag{5-17}
$$

其中，$m_{\text{CONVEX}}(i)$ 代表第 i 个焦元的初步近似推理融合结果，$\{y^L / y_i\}$ 代表集合 y^L 去除其中的元素 y_i 后形成的集合。

（3）对初步近似推理融合结果进行归一化操作，得到归一化的推理融合结果：

$$
m_{\text{Guo}}(i) = \frac{m_{\text{CONVEX}}(i)}{\displaystyle\sum_{i=1}^{n} m_{\text{CONVEX}}(i)}
\tag{5-18}
$$

其中，$m_{\text{Guo}}(i)$ 代表二源情况下基于证据聚类和凸函数分析的 DSmT 近似推理方法的推理融合结果在各焦元上的基本概率赋值。

5.2.4 计算复杂度分析

假设仅有两个证据源，且证据源的超幂集单子焦元和交多子焦元都存在基本概率赋值，记为

$$D^{\Theta} = \{\theta_1, \theta_2, \cdots, \theta_n, \theta_i \cap \theta_j \cap \cdots \cap \theta_k, \cdots, \theta_l \cap \theta_g \cap \cdots \cap \theta_h\},$$
$$\{i, f, k, l, g, h\} \in [1, \cdots, n]$$

其中，n 代表单子焦元个数，c 代表交多子焦元个数。首先对两个证据源情况的 DSmT+PCR5 方法进行计算复杂度分析，其次对本节所研究的基于证据聚类和凸函数分析的 DSmT 近似推理方法进行计算复杂度分析。

假设一次乘法运算的计算复杂度用 K 表示，一次加法运算的计算复杂度用 Σ 表示，一次除法运算的计算复杂度用 Ψ 表示，一次减法运算的计算复杂度用 B 表示。

在混合 DSm 模型下，证据源中存在交多子焦元概率函数赋值非零情况的融合问题，DSmT+PCR5 方法的计算复杂度为

$$\begin{aligned}
o_{\text{DSmT+PCR5}}(n+c) &= [K + (4K + 2\Psi + 4\Sigma)(n+c-1)](n+c) - \\
&\quad x(2K + 2\Psi + 4\Sigma) + y\Sigma \\
&= (4n + 4c - 3)(n+c)K + (2n + 2c - 2)(n+c)\Psi + \\
&\quad (4n + 4c - 4)(n+c)\Sigma - x(2K + 2\Psi + 4\Sigma) + y\Sigma
\end{aligned} \tag{5-19}$$

其中，x 代表推理融合结果中所含的交多子焦元的个数，y 代表组合乘积中相同的交多子焦元的个数。

混合 DSm 模型下本节所研究方法的计算复杂度为

$$\begin{aligned}
o_{\text{GH}}(n+c) &= 2(n+c)B + (n+c)K + 2(n+c)[2(3K + \Sigma + \Psi) + \Sigma] + \\
&\quad \Sigma + n\Psi - x(2K + 2\Psi + 4\Sigma) + y\Sigma \\
&= 2(n+c)B + 13(n+c)K + [4(n+c) + 1]\Sigma + (5n + 4c)\Psi - \\
&\quad x(2K + 2\Psi + 4\Sigma) + y\Sigma
\end{aligned} \tag{5-20}$$

其中，x 代表推理融合结果中所含的交多子焦元的个数，y 代表组合乘积中相同的交多子焦元的个数。

由式（5-19）及式（5-20）的对比分析可知，DSmT+PCR5 方法的计算复杂度与 $(n+c)^2$ 几乎成正比，而相比之下，本节所研究方法的计算复杂度与 $(n+c)$ 几乎成正比。可见，当超幂集焦元数量增多时，本节所研究方法的计算效率相比于 DSmT+PCR5 方法有明显提高。

5.2.5　仿真实验对比分析及核心代码

1. 证据聚类点集简单情况

例 1　假设存在两个证据源，假设超幂集记为 $D_k^\Theta = \{\theta_1, \theta_2, \cdots, \theta_7\}$（$k=1$ 或 2），其中，交多子焦元上的基本概率赋值为 0。假设在某时刻，两个证据源证据信息的基本概率赋值分别为 $a = \{0.1, 0.1, 0.05, 0.3, 0.2, 0.2, 0.05\}$ 和 $b = \{0.2, 0.05, 0.05, 0.2, 0.15, 0.3, 0.05\}$，则本节所研究方法的运算过程如下。

（1）将两条证据信息通过 DSmT 证据聚类方法进行聚类处理，分别得到两个集合，即 $a = \{a_1, a_2, a_3, a_5, a_6, a_7\} \bigcup \{a_4\}$ 和 $b = \{b_1, b_2, b_3, b_4, b_5, b_7\} \bigcup \{b_6\}$。

（2）基于式（5-17）进行凸函数近似计算得到初步推理融合结果：

$$m_{\text{CONVEX}}(1) = a_1 b_1 + \frac{b_1^2 \text{Sum}\{a_2, a_3, a_5, a_6, a_7\}}{b_1 + \text{Mean}\{a_2, a_3, a_5, a_6, a_7\}} + \frac{b_1^2 a_4}{b_1 + a_4} +$$

$$\frac{a_1^2 \text{Sum}\{b_2, b_3, b_4, b_5, b_7\}}{a_1 + \text{Mean}\{b_2, b_3, b_4, b_5, b_7\}} + \frac{a_1^2 b_6}{a_1 + b_6}$$

$$m_{\text{CONVEX}}(2) = a_2 b_2 + \frac{b_2^2 \text{Sum}\{a_1, a_3, a_5, a_6, a_7\}}{b_2^2 + \text{Mean}\{a_1, a_3, a_5, a_6, a_7\}} + \frac{b_2^2 a_4}{b_2^2 + a_4} +$$

$$\frac{a_2^2 \text{Sum}\{b_1, b_3, b_4, b_5, b_7\}}{a_2^2 + \text{Mean}\{b_1, b_3, b_4, b_5, b_7\}} + \frac{a_2^2 b_6}{a_2^2 + b_6}$$

$$m_{\text{CONVEX}}(3) = a_3 b_3 + \frac{b_3^2 \text{Sum}\{a_1, a_2, a_5, a_6, a_7\}}{b_3^2 + \text{Mean}\{a_1, a_2, a_5, a_6, a_7\}} + \frac{b_3^2 a_4}{b_3^2 + a_4} +$$

$$\frac{a_3^2 \text{Sum}\{b_1, b_2, b_4, b_5, b_7\}}{a_3^2 + \text{Mean}\{b_1, b_2, b_4, b_5, b_7\}} + \frac{a_3^2 b_6}{a_3^2 + b_6}$$

$$m_{\text{CONVEX}}(4) = a_4 b_4 + \frac{b_4^2 \text{Sum}\{a_1, a_2, a_3, a_5, a_6, a_7\}}{b_4^2 + \text{Mean}\{a_1, a_2, a_3, a_5, a_6, a_7\}} +$$

$$\frac{a_4^2 \text{Sum}\{b_1, b_2, b_3, b_5, b_7\}}{a_4^2 + \text{Mean}\{b_1, b_2, b_3, b_5, b_7\}} + \frac{a_4^2 b_6}{a_4^2 + b_6}$$

$$m_{\mathrm{CONVEX}}(5) = a_5 b_5 + \frac{b_5^{\,2}\,\mathrm{Sum}\{a_1,a_2,a_3,a_6,a_7\}}{b_5^{\,2}+\mathrm{Mean}\{a_1,a_2,a_3,a_6,a_7\}} + \frac{b_5^{\,2} a_4}{b_5^{\,2}+a_4} +$$

$$\frac{a_5^{\,2}\,\mathrm{Sum}\{b_1,b_2,b_3,b_4,b_7\}}{a_5^{\,2}+\mathrm{Mean}\{b_1,b_2,b_3,b_4,b_7\}} + \frac{a_5^{\,2} b_6}{a_5^{\,2}+b_6}$$

$$m_{\mathrm{CONVEX}}(6) = a_6 b_6 + \frac{b_6^{\,2}\,\mathrm{Sum}\{a_1,a_2,a_3,a_5,a_7\}}{b_6^{\,2}+\mathrm{Mean}\{a_1,a_2,a_3,a_5,a_7\}} + \frac{b_6^{\,2} a_4}{b_6^{\,2}+a_4} +$$

$$\frac{a_6^{\,2}\,\mathrm{Sum}\{b_1,b_2,b_3,b_4,b_5,b_7\}}{a_6^{\,2}+\mathrm{Mean}\{b_1,b_2,b_3,b_4,b_5,b_7\}}$$

$$m_{\mathrm{CONVEX}}(7) = a_7 b_7 + \frac{b_7^{\,2}\,\mathrm{Sum}\{a_1,a_2,a_3,a_5,a_6\}}{b_7^{\,2}+\mathrm{Mean}\{a_1,a_2,a_3,a_5,a_6\}} + \frac{b_7^{\,2} a_4}{b_7^{\,2}+a_4} +$$

$$\frac{a_7^{\,2}\,\mathrm{Sum}\{b_1,b_2,b_3,b_4,b_5\}}{a_7^{\,2}+\mathrm{Mean}\{b_1,b_2,b_3,b_4,b_5\}} + \frac{a_7^{\,2} b_6}{a_7^{\,2}+b_6}$$

得到 $m_{\mathrm{CONVEX}} = \{0.1588,0.0558,0.0273,0.3108,0.1926,0.3108,0.0273\}$。

（3）经过归一化操作，得到归一化的近似推理融合结果：

$$m_{\mathrm{Guo}} = \{0.1465,0.0515,0.0252,0.2869,0.1778,0.2869,0.0252\}$$

DSmT+PCR5 方法的推理融合结果为

$$m_{\mathrm{DSmT+PCR5}} = \{0.1435,0.0488,0.0237,0.2922,0.1751,0.2929,0.0237\}$$

文献[67]方法的推理融合结果为

$$m_{\mathrm{XDL}} = \{0.1536,0.0605,0.0253,0.2980,0.1670,0.2738,0.0217\}$$

计算本节所研究方法的推理融合结果与 DSmT+PCR5 方法推理融合结果的 Euclidean 相似度为 $E_{\mathrm{Guo}} = 0.9932$；计算文献[67]方法的推理融合结果与 DSmT+PCR5 方法推理融合结果的 Euclidean 相似度为 $E_{\mathrm{XDL}} = 0.9812$，可见本节所研究方法的推理融合结果更精确，且精度达到 99%以上。

例 1 中的 DSmT+PCR5 方法及本节所研究方法的 MATLAB 程序代码如下。

```
clear
a =[0.1000   0.1000   0.0500   0.3000 0.2000   0.2000   0.0500];
b =[0.2000   0.0500   0.0500   0.2000 0.1500   0.3000   0.0500];
n=7;
```

① 基于 DSmT+PCR5 方法推理，得到识别结果。

```
tic;
for i=1:7
    m(i)=a(i)*b(i);
    mct=0;
    for j=1:n
        if j==i
            j=i+1;
        else
            mj(j)=a(i)^2*b(j)/(a(i)+b(j))+b(i)^2*a(j)/(a(j)+b(i));
            mct=mct+mj(j);
        end
    end
    mpcr(i)=m(i)+mct;                                    %识别结果
end
timepcr=toc;                                            %计算时间
```

② 基于本节所研究方法推理，得到识别结果。

```
tic;
for i=1:7
    if (i~=4)&&(i~=6)
        mguo(i)=a(i)*b(i)+b(i)^2*(0.7-a(i))/(b(i)+(0.7-
                a(i))/6)+b(i)^2*0.3/(b(i)+0.3)+a(i)^2*(0.7-b(i))/(a(i)+(0.7-
                b(i))/6)+a(i)^2*0.3/(a(i)+0.3);
    elseif i==4
        mguo(i)=a(i)*b(i)+b(i)^2*(0.7)/(b(i)+(0.7)/6)+a(i)^2*(0.7-
                b(i))/(a(i)+(0.7-b(i))/6)+a(i)^2*0.3/(a(i)+0.3);
    elseif i==6
        mguo(i)=a(i)*b(i)+b(i)^2*(0.7-a(i))/(b(i)+(0.7-
                a(i))/6)+b(i)^2*0.3/(b(i)+0.3)+a(i)^2*(0.7)/(a(i)+(0.7)/6);
    end
```

```
end
t=1-sum(mguo);
s1=[a(1) a(2) a(3) a(7) a(5) a(6)];
for i=1:7
    if i~=4
        ss1=s1;
        ss1(i)=mean(s1);
        l(i)=b(i)^2*6*(max(ss1)-min(ss1))^2/(12*(b(i)+(0.7-a(i))/5)^3);
    else
        l(i)=b(i)^2*7*(max(s1)-min(s1))^2/(12*(b(i)+(0.7)/6)^3);
    end
end
s2=[b(1) b(2) b(3) b(4) b(5) b(7)];
for i=1:7
    if i~=6
        ss2=s2;
        ss2(i)=mean(s2);
        l(i+7)=a(i)^2*6*(max(ss2)-min(ss2))^2/(12*(a(i)+(0.7-b(i))/5)^3);
    else
        l(i+7)=a(i)^2*7*(max(s2)-min(s2))^2/(12*(a(i)+(0.7)/6)^3);
    end
end
for i=1:14
    cc(i)=l(i)/sum(l)*t;
end
for i=1:7
    mguo(i)=mguo(i)+cc(i)+cc(i+7);                    %识别结果
end
timeguo=toc;                                          %计算时间
```

例 2　假设有与例 1 中证据源相同的两个证据源，其超幂集为 $D_k^\Theta = \{\theta_1, \theta_2, \cdots, \theta_7\}$（$k = 1$ 或 2）。两个证据源的证据信息的基本概率赋值分别为 $a = \{0.1, 0.1, 0.05, 0.3, 0.2, 0.2, 0.05\}$ 和 $b = \{0.2, 0.05, 0.05, 0.2, 0.15, 0.3, 0.05\}$。对证据信息 a 进行变换，依次将其各焦元的基本概率赋值位置向后变换一位，第 7 个焦元的基本概率赋值补到第 1 个焦元位置上，产生新证据，然后按照此方法对新证据进行变换，依次产生 6 条新证据，如下。

$$a_1 = \{0.1, 0.1, 0.05, 0.3, 0.2, 0.2, 0.05\}$$
$$a_2 = \{0.05, 0.1, 0.1, 0.05, 0.3, 0.2, 0.2\}$$
$$a_3 = \{0.2, 0.05, 0.1, 0.1, 0.05, 0.3, 0.2\}$$
$$a_4 = \{0.2, 0.2, 0.05, 0.1, 0.1, 0.05, 0.3\}$$
$$a_5 = \{0.3, 0.2, 0.2, 0.05, 0.1, 0.1, 0.05\}$$
$$a_6 = \{0.05, 0.3, 0.2, 0.2, 0.05, 0.1, 0.1\}$$

每条新证据与 b 分别进行本节所研究方法的近似推理和文献[67]方法的近似融合计算，得到两种方法的推理融合结果与 DSmT+PCR5 方法推理融合结果的相似度以及两种方法的平均计算时间，如表 5-1 所示[1]。

表 5-1　两种方法的推理融合结果与 DSmT+PCR5 方法推理融合结果的相似度以及两种方法的平均计算时间

方法	与 DSmT+PCR5 方法的相似度						平均计算时间
	1	2	3	4	5	6	（s）
本节所研究方法	0.9939	0.9911	0.9955	0.9938	0.9965	0.9960	0.0028
文献[67]方法	0.9583	0.9791	0.9588	0.9530	0.9443	0.9347	0.0105

由表 5-1 可知，在证据聚类点集较简单的情况下，本节所研究方法与 DSmT+PCR5 方法的推理融合结果的相似度均保持在 0.9900 以上，与已有的 DSmT 近似推理融合方法相比更为精确，且推理融合结果的精度随证据焦元概率赋值的变化而变化不大，计算效率显著提高。

2. 证据聚类点集复杂情况

例 3　假设存在两个证据源，其超幂集为 $D_k^\Theta = \{\theta_1, \theta_2, \cdots, \theta_{12}\}$（$k = 1$ 或 2）。

1　本书所有仿真实验是通过 Pentimu(R) Dual-Core CPU E5300 2.6GHz 2.59GHz，1.99GB 内存的计算机进行 MATLAB 仿真实现的。

某时刻，两个证据源的证据信息的基本概率赋值分别为 $a = \{0.3, 0.35, 0.05, 0.05, 0.04, 0.06, 0.02, 0.01, 0.02, 0.01, 0.04, 0.05\}$ 和 $b = \{0.2, 0.05, 0.04, 0.21, 0.15, 0.25, 0.05, 0.01, 0.01, 0.01, 0.01, 0.01\}$ ，则本节所研究方法的计算过程如下。

（1）将两条证据信息通过 DSmT 证据聚类方法进行聚类处理，得到两个集合，则 $a = \{a_3, a_4, a_5, a_6, a_7, a_8, a_9, a_{10}, a_{11}, a_{12}\} \bigcup \{a_1, a_2\}$ 和 $b = \{b_2, b_3, b_7, b_8, b_9, b_{10}, b_{11}, b_{12},\} \bigcup \{b_1, b_4, b_5, b_6\}$ 。

（2）基于式（5-17）进行凸函数近似计算，得到初步推理融合结果：
$$m_{\text{CONVEX}} = \{0.3069, 0.2559, 0.0247, 0.1309, 0.0834, 0.1662, 0.0177, 0.0019, 0.0041, 0.0019, 0.0110, 0.0153\}$$

（3）经过归一化操作得到归一化的近似推理融合结果：
$$m_{\text{Guo}} = \{0.3009, 0.2509, 0.0242, 0.1283, 0.0818, 0.1630, 0.0174, 0.0019, 0.0041, 0.0019, 0.0108, 0.0150\}$$

（4）经典 DSmT+PCR5 方法的推理融合结果为
$$m_{\text{DSmT+PCR5}} = \{0.3019, 0.2524, 0.0235, 0.1282, 0.0811, 0.1635, 0.0169, 0.0018, 0.0039, 0.0018, 0.0104, 0.0146\}$$

（5）文献[67]方法的推理融合结果为
$$m_{\text{XDL}} = \{0.3710, 0.1834, 0.0276, 0.1269, 0.0828, 0.1651, 0.0003, 0.0000, 0.0001, 0.0001, 0.0002, 0.0002\}$$

计算本节所研究方法的推理融合结果与 DSmT+PCR5 方法推理融合结果的 Euclidean 相似度为 $E_{\text{Guo}} = 0.9984$ ，计算时间为 0.0035s；计算文献[67]方法的推理融合结果与 DSmT+PCR5 方法推理融合结果的 Euclidean 相似度为 $E_{\text{XDL}} = 0.9812$ ，计算时间为 0.0185s。

由本例的实验结果可知，本节所研究方法在证据聚类点集复杂情况下，与已有的 DSmT 近似推理融合方法相比，仍然可以得到更加精确的推理融合结果，且计算复杂度显著减小。

例 4 假设存在与例 3 中证据源相同的两个证据源，其超幂集为 $D_k^\Theta = \{\theta_1, \theta_2, \cdots, \theta_{12}\}$（$k=1$ 或 2）。两个证据源的证据信息的基本概率赋值分别为 $a = \{0.3, 0.35, 0.05, 0.05, 0.04, 0.06, 0.02, 0.01, 0.02, 0.01, 0.04, 0.05\}$ 和

$b = \{0.2, 0.05, 0.04, 0.21, 0.15, 0.25, 0.05, 0.01, 0.01, 0.01, 0.01, 0.01\}$。对证据信息 a 进行变换，依次将 a 中的基本概率赋值向后变换一个位置，第 12 个焦元的基本概率赋值补到第 1 个焦元位置上，产生新证据，然后按照此方法对新证据进行变换，依次产生 11 条新证据；每条新证据与 b 分别进行本节所研究方法的近似融合计算和文献[67]方法的近似融合计算，得到两种方法的推理融合结果与 DSmT+PCR5 方法推理融合结果的相似度以及两种方法的平均计算时间，如表 5-2 所示。

表 5-2　两种方法的推理融合结果与 DSmT+PCR5 方法推理融合结果的相似度以及两种方法的平均计算时间

方法	证据											平均计算时间
	1	2	3	4	5	6	7	8	9	10	11	
本节所研究方法	0.9987	0.9983	0.9982	0.9979	0.9981	0.9985	0.9985	0.9983	0.9984	0.9983	0.9983	0.0038s
文献[67]方法	0.8795	0.9330	0.9514	0.9484	0.8112	0.8636	0.8253	0.8342	0.8331	0.8189	0.8483	0.0186s

由表 5-2 可知，在证据聚类点集较复杂的情况下，本节所研究方法仍保持超过 0.99，且非常稳定的融合相似度，相比于已有的近似方法，精确度和计算效率均更高。

3. 证据源高冲突情况

例 5　为了验证本节所研究方法可以有效地融合高冲突证据源信息，这里假设有两个冲突证据源 S_1 和 S_2，其超幂集为 $D^{\Theta} = \{a, b, c, d\}$，两个证据源产生的证据的基本概率赋值如表 5-3 所示。

表 5-3　两个证据源产生的证据的基本概率赋值

证据源	证据			
	a	b	c	d
S_1	$x - \varepsilon$	ε	$1 - x - \varepsilon$	ε
S_2	ε	$y - \varepsilon$	ε	$1 - y - \varepsilon$

假设 $\varepsilon = 0.01$，$x, y \in [0.02, 0.98]$，当 x、y 分别在 $[0.02, 0.98]$ 区间上变化，幅度值为 0.01 时，求得本节所研究方法及 DSmT+PCR5 方法对两个冲突证据源信息的推理融合结果，并求得两结果的 Euclidean 相似度（见图 5-1）。并对文献[67]方法进行仿真，同样求得其与 DSmT+PCR5 方法推理融合结果的 Euclidean 相似度（见图 5-2）。

文献[67]方法的平均相似度为 0.8513，本节所研究方法的平均相似度为 0.9873。可见本节所研究方法对于高冲突证据源信息融合处理的有效性。

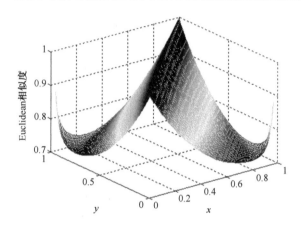

图 5-1　文献[67]方法与 DSmT+PCR5 方法结果的 Euclidean 相似度

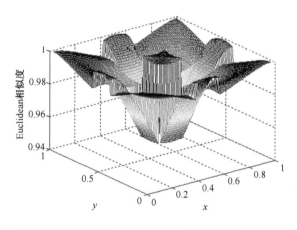

图 5-2　本节所研究方法与 DSmT+PCR5 方法结果的 Euclidean 相似度

4. 收敛性分析

例 6　假设有两个证据源，超幂集为 $D_k^\Theta = \{\theta_1, \theta_2, \cdots, \theta_{12}\}(k=1$ 或 $2)$。假设在某时刻，两个证据源证据信息的基本概率赋值分别为 $a = \{0.1, 0.01, 0.02, 0.25, 0.15, 0.05, 0.1, 0.1, 0.1, 0.05, 0.05, 0.02\}$ 和 $b = \{0.5, 0.35, 0.02, 0.02, 0.01, 0.01, 0.01, 0.01, 0.01, 0.01, 0.01, 0.04\}$。$a$ 和 b 首先进行融合，得到第 1 次推理融合结果；第 1 次推理融合结果与证据 b 进行融合，得到第 2 次推理融合结果；第 2 次推理融合结果与证据 b 进行融合，得到第 3 次推理融合结果；第 3 次推理融合结果与证据 b 进行融合，得到第 4 次推理融合结果。各方法的收敛性分析实验结果对比如表 5-4 所示。

表 5-4　各方法的收敛性分析实验结果对比

融合次数	方法	推理融合结果
1	DSmT+PCR5 方法	0.4287,0.2600,0.0058,0.1163,0.0539,0.0109,0.0297,0.0297,0.0297,0.0109,0.0109,0.0136
	文献[67]方法	0.4067,0.0994,0.0212,0.1888,0.0798,0.0385,0.0027,0.0027,0.0027,0.0010,0.0010,0.0019
	本节所研究方法	0.4285,0.2610,0.0060,0.1151,0.0535,0.0110,0.0296,0.0296,0.0296,0.0110,0.0110,0.0141
2	DSmT+PCR5 方法	0.5829,0.3324,0.0031,0.0388,0.0120,0.0017,0.0053,0.0053,0.0053,0.0017,0.0017,0.0099
	文献[67]方法	0.5687,0.1686,0.0036,0.0642,0.0202,0.0127,0.0000,0.0000,0.0000,0.0000,0.0000,0.0000
	本节所研究方法	0.5705,0.3459,0.0031,0.0371,0.0116,0.0018,0.0052,0.0052,0.0052,0.0018,0.0018,0.0109
3	DSmT+PCR5 方法	0.6439,0.3342,0.0018,0.0084,0.0016,0.0006,0.0008,0.0008,0.0008,0.0006,0.0006,0.0060
	文献[67]方法	0.6171,0.1968,0.0009,0.0109,0.0027,0.0021,0.0000,0.0000,0.0000,0.0000,0.0000,0.0000
	本节所研究方法	0.6118,0.3655,0.0021,0.0078,0.0015,0.0006,0.0008,0.0008,0.0008,0.0006,0.0006,0.0069
4	DSmT+PCR5 方法	0.6726,0.3181,0.0012,0.0017,0.0004,0.0004,0.0004,0.0004,0.0004,0.0004,0.0004,0.0040
	文献[67]方法	0.6152,0.2047,0.0008,0.0018,0.0004,0.0003,0.0000,0.0000,0.0000,0.0000,0.0000,0.0000
	本节所研究方法	0.6264,0.3626,0.0015,0.0017,0.0004,0.0004,0.0004,0.0004,0.0004,0.0004,0.0004,0.0048

由实验结果分析可知，本节所研究方法的收敛速度与文献[67]方法与 DSmT+PCR5 方法的收敛速度相近，第 3 次推理融合结果可以收敛到主焦元，但本节所研究方法的每次推理融合结果与 DSmT+PCR5 方法的推理融合结果相似度更高，信息损失更小。

5. 交多子焦元非空情况下蒙特卡罗仿真实验

例 7 假设给定两个证据源，$D^{\Theta} = \{\theta_1, \theta_2, \cdots, \theta_{20}, \theta_1 \bigcap \theta_5 \bigcap \theta_{10} \bigcap \theta_{20}\}$。分别进行 1000 次蒙特卡罗仿真实验，每次对所有的 21 个焦元进行随机的基本概率赋值，且基本概率赋值大于零。将每次实验随机产生的一对证据，利用文献[67]方法得到推理融合结果，并统计本次计算时间及本次推理融合结果与 DSmT+PCR5 方法推理融合结果的相似度，同时利用本节所研究方法得到推理融合结果，并统计本次计算时间及本次推理融合结果相较于 DSmT+PCR5 方法推理融合结果的信息损失程度，将每次相同条件下的计算时间与 DSmT+PCR5 方法推理融合结果的相似度放在一起对比分析，交多子焦元非空情况下的实验结果对比如图 5-3 所示。

将每次实验随机产生的一对证据，利用文献[67]方法得到推理融合结果，并统计本次计算时间，以及本次推理融合结果与 DSmT+PCR5 方法

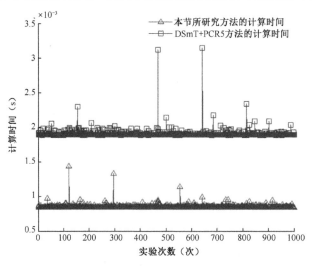

（a）本节所研究方法的计算时间与 DSmT+PCR5 方法的计算时间对比

图 5-3 交多子焦元非空情况下的实验结果对比

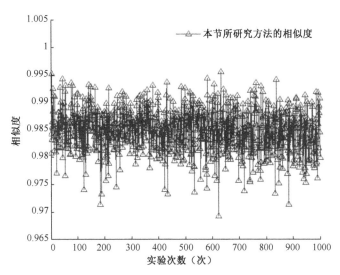

（b）本节所研究方法与 DSmT+PCR5 方法推理融合结果的相似度

图 5-3　交多子焦元非空情况下的实验结果对比（续）

推理融合结果的相似度，同时利用本节所研究方法得到推理融合结果，并统计本次计算时间及本次推理融合结果相较于 DSmT+PCR5 方法推理融合结果的信息损失程度，记录每次相同条件下的平均计算时间、最长计算时间、最短计算时间，以及与 DSmT+PCR5 方法推理融合结果的平均相似度、最低相似度、最高相似度，得到交多子焦元非空情况下的各方法实验结果对比，如表 5-5 所示。

表 5-5　交多子焦元非空情况下的各方法实验结果对比

方法	平均相似度	最低相似度	最高相似度	平均计算时间（ms）	最长计算时间（ms）	最短计算时间（ms）
DSmT+PCR5 方法	—	—	—	1.9	3.1	1.9
本节所研究方法	0.9849	0.9693	0.9956	0.84911	1.4	0.83593

由图 5-3 和表 5-5 可知。

本节所研究方法在 DSm 模型下交多子焦元概率赋值非零情况下，在其推理融合结果与 DSmT+PCR5 方法推理融合结果的平均相似度保持在 0.9849 的前提下，计算时间显著减少，仅为 DSmT+PCR5 方法的 50%左右，但计算效率明显提高，具有一定的优越性。

6. 焦元数量递增情况下蒙特卡罗仿真实验结果

例 8 假设有两条证据信息，超幂集为 $D_k^\Theta = \{\theta_1, \theta_2, \cdots, \theta_{10}\}$ ($k=1$或2)，在每次蒙特卡罗仿真实验中对每条证据中的 10 个焦元进行随机的非零基本概率赋值。每次在原超幂集中增加 10 个单子焦元，直至增加 500 个单子焦元，在每个新的超幂集上进行 1000 次蒙特卡罗仿真实验，并计算每 1000 次仿真实验的平均计算时间和推理融合结果的平均相似度。将 DSmT+PCR5 方法和本节所研究方法随超幂集焦元数量变化的平均计算时间和推理融合结果的平均相似度，在表 5-6 及图 5-4 中进行对比分析。

表 5-6 焦元数量递增情况下各方法实验结果对比

	焦元数量从 10 个增加到 510 个（每次增加 10 个）						
DSmT 方法在焦元数量不断增多时的平均计算时间（s）	0.0008	0.0032	0.0073	0.0132	0.0208	0.0297	0.0406
	0.0530	0.0670	0.0829	0.1017	0.1219	0.1405	0.1636
	0.1867	0.2133	0.2431	0.2685	0.3009	0.3319	0.3698
	0.4013	0.4427	0.4816	0.5212	0.5588	0.6011	0.6462
	0.6959	0.7413	0.7909	0.8425	0.8962	0.9505	1.0082
	1.0659	1.1263	1.1882	1.2516	1.3166	1.3828	1.4509
	1.5225	1.5926	1.6660	1.7409	1.8174	1.8946	1.9765
	2.0574	2.1397					
本节所研究方法在焦元数量不断增多时的平均计算时间（s）	0.0003	0.0006	0.0010	0.0013	0.0017	0.0020	0.0024
	0.0028	0.0032	0.0036	0.0040	0.0044	0.0048	0.0053
	0.0057	0.0062	0.0067	0.0071	0.0076	0.0081	0.0087
	0.0092	0.0098	0.0103	0.0108	0.0114	0.0118	0.0124
	0.0130	0.0136	0.0142	0.0148	0.0154	0.0160	0.0167
	0.0173	0.0180	0.0186	0.0193	0.0200	0.0207	0.0214
	0.0222	0.0229	0.0236	0.0244	0.0251	0.0259	0.0265
	0.0275	0.0282					
本节所研究方法在焦元数量不断增多时的平均相似度	0.9774	0.9826	0.9871	0.9881	0.9895	0.9907	0.9917
	0.9922	0.9922	0.9927	0.9931	0.9933	0.9939	0.9940
	0.9938	0.9945	0.9945	0.9946	0.9947	0.9947	0.9950
	0.9953	0.9949	0.9954	0.9955	0.9955	0.9955	0.9956
	0.9959	0.9958	0.9961	0.9959	0.9961	0.9960	0.9959
	0.9961	0.9962	0.9964	0.9961	0.9964	0.9964	0.9964
	0.9964	0.9965	0.9966	0.9966	0.9966	0.9968	0.9966
	0.9968	0.9967					

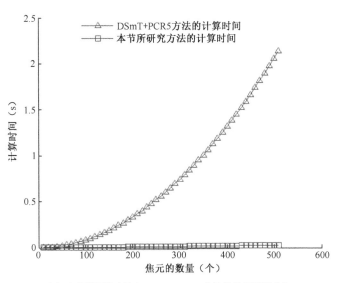

（a）本节所研究方法与 DSmT+PCR5 方法的计算时间对比

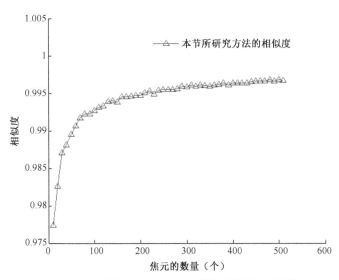

（b）本节所研究方法与 DSmT+PCR5 方法推理融合结果的相似度

图 5-4　焦元数量递增情况的实验结果对比

由图 5-4 和表 5-6 可知。

（1）在证据源焦元数量不断增多的情况下，本节所研究方法与 DSmT+PCR5 方法相比在计算效率上有了明显的改进，且本节所研究方法随着焦元数量的增多，平均计算时间呈线性增长趋势，对于复杂框架的融合问题，有着很高的适用性。

（2）在证据源冲突焦元数量不变，焦元数量不断增多的情况下，本节所研究方法的推理融合结果与 DSmT+PCR5 方法推理融合结果的平均相似度不断提高，且焦元数量最少时平均相似度最低，为 0.9774，而当焦元数量为 510 时，本节所研究方法的推理融合结果与 DSmT+PCR5 方法推理融合结果的相似度极高，为 0.9967，这说明本节所研究方法可以有效地支持快速正确决策，尤其是对于大数据情况下的决策系统，优势更加明显。

5.3　多源情况下基于证据聚类和凸函数分析的 DSmT 近似推理方法

5.3.1　PCR6 规则的数学变换

由 PCR6 规则公式可知，DSmT 框架下的 PCR6 推理方法主要有两个步骤：①计算 $m_{1\oplus2\oplus\cdots\oplus s}(X)$；②计算 $m_{\text{ConflictTransfer}}(X)$。

为了便于进行推理计算，降低近似推理方法的计算复杂度，我们给出一种新的多源证据 PCR6 规则的数学变换形式，这种数学变换的步骤如下。

（1）假设各多源证据 $m_1, m_2, \cdots, m_s$ 的焦元表示如下：

$$
\begin{aligned}
m_1 &: \{X_{i_1}^1\}, X_{i_1}^1 \in G^\Theta \\
m_2 &: \{X_{i_2}^2\}, X_{i_2}^2 \in G^\Theta \\
&\cdots \\
m_s &: \{X_{i_s}^s\}, X_{i_s}^s \in G^\Theta
\end{aligned}
\tag{5-21}
$$

（2）各证据与其他证据的初步推理融合结果为

$$m_{\mathrm{PCR\text{-}new}}^1(X) = m_{i_1}(X_{i_1}^1) \times$$

$$\sum_{X_{i_2}^2, X_{i_3}^3, \cdots, X_{i_s}^s \in G^\Theta} \left[\frac{m_{i_1}(X_{i_1}^1) \times m_{i_2}(X_{i_2}^2) \times \cdots \times m_{i_s}(X_{i_s}^s)}{m_{i_1}(X_{i_1}^1) + m_{i_2}(X_{i_2}^2) + \cdots + m_{i_s}(X_{i_s}^s)} \right],$$

$$m_{\mathrm{PCR\text{-}new}}^2(X) = m_{i_2}(X_{i_2}^2) \times$$

$$\sum_{X_{i_1}^1, X_{i_3}^3, \cdots, X_{i_s}^s \in G^\Theta} \left[\frac{m_{i_1}(X_{i_1}^1) \times m_{i_2}(X_{i_2}^2) \times \cdots \times m_{i_s}(X_{i_s}^s)}{m_{i_1}(X_{i_1}^1) + m_{i_2}(X_{i_2}^2) + \cdots + m_{i_s}(X_{i_s}^s)} \right], \quad (5\text{-}22)$$

$$\cdots$$

$$m_{\mathrm{PCR\text{-}new}}^s(X) = m_{i_s}(X_{i_s}^s) \times$$

$$\sum_{X_{i_1}^1, X_{i_2}^2, \cdots, X_{i_{s-1}}^{s-1} \in G^\Theta} \left[\frac{m_{i_1}(X_{i_1}^1) \times m_{i_2}(X_{i_2}^2) \times \cdots \times m_{i_s}(X_{i_s}^s)}{m_{i_1}(X_{i_1}^1) + m_{i_2}(X_{i_2}^2) + \cdots + m_{i_s}(X_{i_s}^s)} \right]$$

其中，$m_{\mathrm{PCR\text{-}new}}^i(X), i = 1, 2, \cdots, n$ 代表证据 m_i 与其他相异证据的初步推理融合结果，X 代表初步推理融合结果的焦元。当证据 m_i 的焦元与其他相异证据的焦元相交但为空集时，X 为证据 m_i 的焦元；当证据 m_i 的焦元与其他相异证据的焦元相交且不为空集时，X 为焦元的交集。

（3）PCR6 规则新的数学变换公式最后的推理融合结果为

$$m_{\mathrm{PCR\text{-}new}}(X) = m_{\mathrm{PCR\text{-}new}}^1(X) + m_{\mathrm{PCR\text{-}new}}^2(X) + \cdots + m_{\mathrm{PCR\text{-}new}}^s(X) \quad (5\text{-}23)$$

本节给出的式（5-22）～式（5-23），与 PCR6 规则原公式相比，有两点主要区别：一是新公式不再将不同证据同焦元的基本概率赋值乘积 $m_{1 \oplus 2 \oplus \cdots \oplus s}(X)$ 和不同证据不同焦元的冲突比例分配 $m_{\mathrm{ConflictTransfer}}(X)$ 分开计算；二是新公式首先计算各证据源的初步推理融合结果，其次将各证据源的初步推理融合结果进行加和，得到最后的推理融合结果。这两点看起来会增加 PCR6 规则的计算复杂度，但对于本节所研究的近似推理方法来说，这样的变换可以降低 DSmT 聚类方法的计算复杂度，而且易于简化后续的数学分析，从而得到近似推理公式。

5.3.2　数学分析推理过程

由式（5-22）可知，$m_{\mathrm{PCR\text{-}new}}^1(X), m_{\mathrm{PCR\text{-}new}}^2(X), \cdots, m_{\mathrm{PCR\text{-}new}}^s(X)$ 有相似性，基于这种相似性，分析任意一条证据与其他相异证据的初步推理融合结

果，以 $m_{\mathrm{PCR\text{-}new}}^1(X)$ 为例：

$$m_{\mathrm{PCR\text{-}new}}^1(X) = m_{i_1}(X_{i_1}^1) \times$$

$$\sum_{X_{i_2}^2, X_{i_3}^3, \cdots, X_{i_s}^s \in G^{\Theta}} \left[\frac{m_{i_1}(X_{i_1}^1) \times m_{i_2}(X_{i_2}^2) \times \cdots \times m_{i_s}(X_{i_s}^s)}{m_{i_1}(X_{i_1}^1) + m_{i_2}(X_{i_2}^2) + \cdots + m_{i_s}(X_{i_s}^s)} \right]$$

$$= m_{i_1}(X_{i_1}^1)^2 \times \sum_{X_{i_3}^3, \cdots, X_{i_s}^s \in G^{\Theta}} \left\{ m_{i_3}(X_{i_3}^3) \times \cdots \times m_{i_s}(X_{i_s}^s) \times \right. \tag{5-24}$$

$$\left. \sum_{X_{i_2}^2 \in G^{\Theta}} \left[\frac{m_{i_2}(X_{i_2}^2)}{m_{i_1}(X_{i_1}^1) + m_{i_2}(X_{i_2}^2) + \cdots + m_{i_s}(X_{i_s}^s)} \right] \right\}$$

令

$$m_{i_1}(X_{i_1}^1) + m_{i_3}(X_{i_3}^3) + \cdots + m_{i_s}(X_{i_s}^s) = a , \quad m_{i_2}(X_{i_2}^2) = x_1, x_2, \cdots, x_n \tag{5-25}$$

则

$$\sum_{X_{i_2}^2 \in G^{\Theta}} \left[\frac{m_{i_2}(X_{i_2}^2)}{m_{i_1}(X_{i_1}^1) + m_{i_2}(X_{i_2}^2) + \cdots + m_{i_s}(X_{i_s}^s)} \right]$$

$$= \frac{x_1}{a + x_1} + \frac{x_2}{a + x_2} + \cdots + \frac{x_n}{a + x_n} \tag{5-26}$$

$$= n - a \times \left(\frac{1}{a + x_1} + \frac{1}{a + x_2} + \cdots + \frac{1}{a + x_n} \right)$$

令

$$f(x_i) = \frac{1}{a + x_i} , \quad i = 1, 2, \cdots, n, \quad 0 \leqslant x_i \leqslant 1 \tag{5-27}$$

由于 $f(x_i)$ 是凸函数，故应用式（5-3）能够得到

$$\sum_{i=1}^{n} f(x_i) = \frac{1}{a + x_1} + \frac{1}{a + x_2} + \cdots + \frac{1}{a + x_n}$$

$$= \frac{n}{a + (x_1 + x_2 + \cdots + x_n)/n} + \Delta \tag{5-28}$$

其中，Δ 代表凸函数近似公式的误差，$\Delta \geqslant 0$，当且仅当 $x_1 = x_2 = \cdots = x_n$ 时，$\Delta = 0$。

令 $x_0 = (x_1 + x_2 + \cdots + x_n)/n$，凸函数近似公式的误差分析为

$$\Delta \approx \frac{\sum_{i=1}^{n}(x_i - x_0)^2}{2(a + x_0)^3}, x_i < a + 2x_0 \tag{5-29}$$

由式（5-29）可知，凸函数近似公式的误差与 $\sum_{i=1}^{n}(x_i - x_0)^2$ 和 $\dfrac{1}{2(a + x_0)^3}$ 成正比。若聚类均值 x_0 较大，且 $x_1, x_2, \cdots, x_n$ 较集中，则误差较小。分别将各个证据的基本概率赋值在式（5-24）中进行转化，形成式（5-26）所示的凸函数近似公式的形式，即可将计算量巨大的式（5-24）进行近似简化，得到多源情况的 DSmT 近似推理方法。新的多源情况的 DSmT 近似推理公式将在 5.3.3 节中推理得到。

5.3.3　多源情况的 DSmT 证据聚类方法及近似推理公式

令 n 是证据中焦元的数量，j 是证据源的序号，给出基于多源情况的 DSmT 证据聚类方法，该方法步骤如下。

（1）分别将各证据中的焦元按照其基本概率赋值降序的顺序重新排列。

（2）在每个新排列的证据 $\{x_i^j\}, x_1^j \geqslant x_2^j \geqslant \cdots \geqslant x_n^j$ 中，从第一个焦元开始依次选择焦元的基本概率赋值，并进行如下计算：

$$f(x_i^j) = \frac{1.5 \times (1 - \sum_{k=1}^{i} x_k^j)}{n - i} \tag{5-30}$$

若 $x_i^j \geqslant f(x_i^j)$，则 x_i^j 归类于集合 x_a^j；否则转入步骤（3）。

（3）x_i^j 和其后的所有基本概率赋值均归类于集合 x_b^j。

通过以上多源情况的 DSmT 证据聚类方法，将各证据中各焦元的基本概率赋值聚类成两个集合，分别为 x_a^j 和 x_b^j，并且求出各证据源对应的两个集合中的基本概率赋值之和以及焦元数量。

我们对式（5-24）进行基于凸函数分析的简化，得到新的多源情况的 DSmT 近似推理公式。假设 X_a^j 代表第 j 个证据中各焦元的基本概率赋值采用本节所述的多源情况的 DSmT 证据聚类方法后形成的集合 x_a^j 上所有元素的加和，k_a^j 代表第 j 条证据中各焦元的基本概率赋值采用本节所述的多源情况的 DSmT 证据聚类方法后形成的集合 x_a^j 上所有元素的数量；X_b^j 代表第 j 条证据中各焦元的基本概率赋值采用本节所述的多源情况的 DSmT 证据聚类方法后形成的集合 x_b^j 中所有元素的加和，k_b^j 代表第 j 条证据中各焦元的基本概率赋值采用本节所述的多源情况的 DSmT 证据聚类方法后形成的集合 x_b^j 上所有元素的数量。

基于证据聚类方法及凸函数近似公式，首先对式（5-24）中第 2 条证据形成的基本概率赋值比例分配部分进行简化，即对式（5-24）中的

$$\sum_{X_{i_2}^2 \in G^\Theta} \left[\frac{m_{i_2}(X_{i_2}^2)}{m_{i_1}(X_{i_1}^1) + m_{i_2}(X_{i_2}^2) + \cdots + m_{i_s}(X_{i_s}^s)} \right]$$ 部分进行简化，则式（5-24）可以

转化为

$$
\begin{aligned}
& m_{\text{PCR-new}}^1(X) \\
&= m_{i_1}(X_{i_1}^1)^2 \sum_{X_{i_3}^3,\cdots,X_{i_s}^s \in G^\Theta} \left\{ m_{i_3}(X_{i_3}^3) \times \cdots \times m_{i_s}(X_{i_s}^s) \times \right.\\
&\qquad \left. \sum_{X_{i_2}^2 \in G^\Theta} \left[\frac{m_{i_2}(X_{i_2}^2)}{m_{i_1}(X_{i_1}^1) + m_{i_2}(X_{i_2}^2) + \cdots + m_{i_s}(X_{i_s}^s)} \right] \right\} \\
&\approx m_{i_1}(X_{i_1}^1)^2 \sum_{X_{i_3}^3,\cdots,X_{i_s}^s \in G^\Theta} \left\{ m_{i_3}(X_{i_3}^3) \times \cdots \times m_{i_s}(X_{i_s}^s) \times \right.\\
&\qquad \left. \left[\frac{X_a^2}{m_{i_1}(X_{i_1}^1) + m_{i_3}(X_{i_3}^3) + \cdots + m_{i_s}(X_{i_s}^s) + X_a^2 / k_a^2} + \right.\right. \\
&\qquad \left.\left. \frac{X_b^2}{m_{i_1}(X_{i_1}^1) + m_{i_3}(X_{i_3}^3) + \cdots + m_{i_s}(X_{i_s}^s) + X_b^2 / k_b^2} \right] \right\} \\
&= m_{i_1}(X_{i_1}^1)^2 \sum_{X_{i_4}^4,\cdots,X_{i_s}^s \in G^\Theta} \left\{ m_{i_4}(X_{i_4}^4) \times \cdots \times m_{i_s}(X_{i_s}^s) \sum_{X_{i_3}^3 \in G^\Theta} m_{i_3}(X_{i_3}^3) \times \right.\\
&\qquad \left. \left[\frac{X_a^2}{m_{i_1}(X_{i_1}^1) + m_{i_3}(X_{i_3}^3) + \cdots + m_{i_s}(X_{i_s}^s) + X_a^2 / k_a^2} + \right.\right. \\
&\qquad \left.\left. \frac{X_b^2}{m_{i_1}(X_{i_1}^1) + m_{i_3}(X_{i_3}^3) + \cdots + m_{i_s}(X_{i_s}^s) + X_b^2 / k_b^2} \right] \right\}
\end{aligned}
\tag{5-31}
$$

其次对式（5-31）中第 3 条证据形成的基本概率比例分配部分进行简化，即

对式（5-31）中的 $\displaystyle\sum_{X_{i_3}^3 \in G^\Theta} m_{i_3}(X_{i_3}^3) \times \left[\dfrac{X_a^2}{m_{i_1}(X_{i_1}^1) + m_{i_3}(X_{i_3}^3) + \cdots + m_{i_s}(X_{i_s}^s) + X_a^2/k_a^2} + \dfrac{X_b^2}{m_{i_1}(X_{i_1}^1) + m_{i_3}(X_{i_3}^3) + \cdots + m_{i_s}(X_{i_s}^s) + X_b^2/k_b^2}\right]$

部分进行简化。

为了方便读者理解，如式（5-25）所示，将第 3 条证据中各焦元的基本概率赋值进行突出表示，其他非必要项进行简化表示，令

$$m_{i_1}(X_{i_1}^1) + m_{i_4}(X_{i_4}^4) + \cdots + m_{i_s}(X_{i_s}^s) + X_a^2/k_a^2 = a,$$
$$m_{i_3}(X_{i_3}^3) = x_1, x_2, \cdots, x_n \tag{5-32}$$

由于

$$\frac{X_a^2}{m_{i_1}(X_{i_1}^1) + m_{i_3}(X_{i_3}^3) + \cdots + m_{i_s}(X_{i_s}^s) + X_a^2/k_a^2} + \frac{X_b^2}{m_{i_1}(X_{i_1}^1) + m_{i_3}(X_{i_3}^3) + \cdots + m_{i_s}(X_{i_s}^s) + X_b^2/k_b^2}$$

具有对称性，对式（5-31）中的

$$\sum_{X_{i_3}^3 \in G^\Theta} m_{i_3}(X_{i_3}^3) \times \frac{X_a^2}{m_{i_1}(X_{i_1}^1) + m_{i_3}(X_{i_3}^3) + \cdots + m_{i_s}(X_{i_s}^s) + X_a^2/k_a^2}$$

部分进行分析，得到

$$\sum_{X_{i_3}^3 \in G^\Theta} m_{i_3}(X_{i_3}^3) \times \frac{X_a^2}{m_{i_1}(X_{i_1}^1) + m_{i_3}(X_{i_3}^3) + \cdots + m_{i_s}(X_{i_s}^s) + X_a^2/k_a^2}$$
$$= X_a^2 \times \left[\frac{x_1}{a + x_1} + \frac{x_2}{a + x_2} + \cdots + \frac{x_n}{a + x_n}\right] \tag{5-33}$$

由式（5-33）可知，其满足凸函数近似公式的特征，再应用证据聚类方法及凸函数近似公式，可将式（5-33）转化为

$$\sum_{X_{i_3}^3 \in G^\Theta} m_{i_3}(X_{i_3}^3) \times \frac{X_a^2}{m_{i_1}(X_{i_1}^1) + m_{i_3}(X_{i_3}^3) + \cdots + m_{i_s}(X_{i_s}^s) + X_a^2/k_a^2}$$
$$= X_a^2 \times \frac{X_a^3}{m_{i_1}(X_{i_1}^1) + X_a^2/k_a^2 + X_a^3/k_a^3 + m_{i_4}(X^3) + \cdots + m_{i_s}(X_k^s)} \tag{5-34}$$

式（5-24）可以转化为

$$m_{\text{PCR-new}}^1(X)$$

$$= m_{i_1}(X_{i_1}^1)^2 \sum_{X_{i_4}^4,\cdots,X_{i_s}^s \in G^\Theta} \left\{ m_{i_4}(X_{i_4}^4) \times \cdots \times m_{i_s}(X_{i_s}^s) \times \right.$$

$$\left[X_a^2 \times \frac{X_a^3}{m_{i_1}(X_{i_1}^1) + X_a^3/k_a^3 + X_a^2/k_a^2 + m_{i_4}(X_{i_4}^4) + \cdots + m_{i_s}(X_{i_s}^s)} + \right.$$

$$X_a^2 \times \frac{X_b^3}{m_{i_1}(X_{i_1}^1) + X_b^3/k_b^3 + X_a^2/k_a^2 + m_{i_4}(X_{i_4}^4) + \cdots + m_{i_s}(X_{i_s}^s)} +$$

$$X_b^2 \times \frac{X_a^3}{m_{i_1}(X_{i_1}^1) + X_a^3/k_a^3 + X_b^2/k_b^2 + m_{i_4}(X_{i_4}^4) + \cdots + m_{i_s}(X_{i_s}^s)} +$$

$$\left. \left. X_b^2 \times \frac{X_b^3}{m_{i_1}(X_{i_1}^1) + X_b^3/k_b^3 + X_b^2/k_b^2 + m_{i_4}(X_{i_4}^4) + \cdots + m_{i_s}(X_{i_s}^s)} \right] \right\}$$

(5-35)

由式（5-35）可知，依次对式（5-24）按照第 4 条、第 5 条直至最后一条证据的基本概率赋值比例分配部分进行迭代的凸函数近似简化，则可以得到简化的 DSmT 近似推理公式。继续应用证据聚类方法及凸函数近似公式，直至所有证据均进行了证据聚类和凸函数近似，最后式（5-24）转化为

$$m_{\text{PCR-new}}^1(X) \approx m_{\text{PCR-CONVEX}}^1(X) = m_{i_1}(X_{i_1}^1)^2 \times$$

$$\sum_{\substack{t^2 \in \{X_a^2,X_b^2\},k^2 \in \{k_a^2,k_b^2\} \\ t^3 \in \{X_a^3,X_b^3\},k^3 \in \{k_a^3,k_b^3\} \\ \cdots \\ t^s \in \{X_a^s,X_b^s\},k^s \in \{k_a^s,k_b^s\}}} \frac{t^2 \times t^3 \times \cdots \times t^s}{m_{i_1}(X_{i_1}^1) + t^2/k^2 + t^3/k^3 + \cdots + t^s/k^s}$$

(5-36)

其中，t^j 代表第 j 条证据经多源情况的 DSmT 证据聚类方法形成的两个集合中各元素的加和，分别为 X_a^j 和 X_b^j，k^j 代表第 j 条证据经多源情况的 DSmT 证据聚类方法形成的两个集合中各元素的数量，分别为 k_a^j 和 k_b^j；若 $t^j = X_a^j$，则 $k^j = k_a^j$；若 $t^j = X_b^j$，则 $k^j = k_b^j$。

同理，式（5-22）中的 $m_{\text{PCR-new}}^2(X),\cdots,m_{\text{PCR-new}}^s(X)$ 近似推理公式为

$$m_{\text{PCR-new}}^2(X)$$

$$= m_{i_2}(X_{i_2}^2) \sum_{X_{i_1}^1, X_{i_3}^3, \cdots, X_{i_s}^s \in G^\Theta} \left[\frac{m_{i_1}(X_{i_1}^1) \times m_{i_2}(X_{i_2}^2) \times \cdots \times m_{i_s}(X_{i_s}^s)}{m_{i_1}(X_{i_1}^1) + m_{i_2}(X_{i_2}^2) + \cdots + m_{i_s}(X_{i_s}^s)} \right]$$

$$\approx m_{\text{PCR-CONVEX}}^2(X) \tag{5-37}$$

$$= m_{i_2}(X_{i_2}^2)^2 \times \sum_{\substack{t^1 \in \{X_a^1, X_b^1\}, k^1 \in \{k_a^1, k_b^1\} \\ t^3 \in \{X_a^3, X_b^3\}, k^3 \in \{k_a^3, k_b^3\} \\ \cdots \\ t^s \in \{X_a^s, X_b^s\}, k^s \in \{k_a^s, k_b^s\}}} \frac{t^1 \times t^3 \times \cdots \times t^s}{m_{i_2}(X_{i_2}^2) + t^1/k^1 + t^3/k^3 + \cdots + t^s/k^s}$$

$$\cdots$$

$$m_{\text{PCR-new}}^s(X)$$

$$= m_{i_s}(X_{i_s}^s) \sum_{X_{i_1}^1, X_{i_3}^3, \cdots, X_{i_{s-1}}^{s-1} \in G^\Theta} \left[\frac{m_{i_1}(X_{i_1}^1) \times m_{i_2}(X_{i_2}^2) \times \cdots \times m_{i_s}(X_{i_s}^s)}{m_{i_1}(X_{i_1}^1) + m_{i_2}(X_{i_2}^2) + \cdots + m_{i_s}(X_{i_s}^s)} \right]$$

$$\approx m_{\text{PCR-CONVEX}}^s(X) \tag{5-38}$$

$$= m_{i_s}(X_{i_s}^s)^2 \times$$

$$\sum_{\substack{t^1 \in \{X_a^1, X_b^1\}, k^1 \in \{k_a^1, k_b^1\} \\ t^2 \in \{X_a^2, X_b^2\}, k^2 \in \{k_a^2, k_b^2\} \\ \cdots \\ t^{s-1} \in \{X_a^{s-1}, X_b^{s-1}\}, k^{s-1} \in \{k_a^{s-1}, k_b^{s-1}\}}} \frac{t^1 \times t^2 \times \cdots \times t^{s-1}}{m_{i_s}(X_{i_s}^s) + t^1/k^1 + t^2/k^2 + \cdots + t^{s-1}/k^{s-1}}$$

其中，若 $t^j = X_a^j$，则 $k^j = k_a^j$；若 $t^j = X_b^j$，则 $k^j = k_b^j$。

式（5-36）～式（5-38）即为多源情况的 DSmT 近似推理公式。

5.3.4　算法步骤描述

根据 5.3.2 节中对新形式的 PCR6 公式进行数学分析得到的证据聚类方法及凸函数近似公式，给出多源情况下基于证据聚类和凸函数分析的 DSmT 近似推理融合方法步骤。

（1）对每条证据进行预处理聚类，以式（5-30）为标准，将各证据中各焦元的基本概率赋值聚类成两个集合，分别为 x_a^j 和 x_b^j，并且求出各证据源对应的两个集合中基本概率赋值之和以及焦元数量。假设 X_a^j 代表集

合 x_a^j 中各元素的和， k_a^j 代表 x_a^j 的数量； X_b^j 代表集合 x_b^j 中各元素的和，

k_b^j 代表 x_b^j 的数量。

（2）按照式（5-36）～式（5-38）计算各证据与其他相异证据的初步近似推理融合结果。

（3）将各证据上同焦元的初步近似推理融合结果相加，得到多源证据的凸函数近似推理融合结果为

$$m_{\text{CONVEX}}(X) = m_{\text{PCR-CONVEX}}^1(X) + m_{\text{PCR-CONVEX}}^2(X) + \cdots + \\ m_{\text{PCR-CONVEX}}^s(X) \tag{5-39}$$

（4）归一化并得到本节所研究方法的近似推理融合结果

$$m_{\text{Guo}} = \frac{m_{\text{CONVEX}}(X)}{\sum_{X \in G^\Theta} m_{\text{CONVEX}}(X)} \tag{5-40}$$

5.3.5　计算复杂度分析

假设 s 代表多源证据源的数量，且 $s > 2$ ； n 代表每条证据中的单子焦元的数量，假设证据信息记为 $m(\theta_i) > 0 \mid \theta_i \in G^\Theta = \{\theta_1, \theta_2, \cdots, \theta_n\}$ ； M 、 A 和 D 分别代表一次乘法、加法和除法运算的计算复杂度。

假设 DSmT 框架下 PCR6 多源推理融合规则的计算复杂度记为 $o_{\text{PCR6}}(n, s)$ ：

$$o_{\text{PCR6}}(n, s) = n(s-1)M + s(n^s - n)[sM + (s-1)A + D] + n(s-1)A \\ = [n(s-1) + s^2 n(n^{s-1} - 1)]M + \\ n(s-1)(sn^{s-1} - s + n)A + s(n^s - n)D \tag{5-41}$$

假设本节所研究方法的计算复杂度记为 $o_{\text{GH}}(n, s)$ ：

$$o_{\text{GH}}(n, s) = s \times 2^s \times [sM + (s-1)A + D] + n(s-1)A \\ = s^2 \times 2^s \times M + (s \times 2^s + n)(s-1)A + s \times 2^s \times D \tag{5-42}$$

由式（5-41）和式（5-42）可知，PCR6 的计算复杂度几乎与 $s^2 n^s$ 成正比，而本节所研究方法的计算复杂度几乎与 $s^2 2^s$ 成正比。由计算复杂度的分析对比可知，本节所研究方法的计算复杂度与 DSmT 框架下的 PCR6 规则相比较小，尤其是在幂集空间中焦元数量和证据源数量增多的情况下，计算复杂度显著降低。

5.3.6　仿真实验对比分析

1. 仅单子焦元存在的简单证据源情况

例 9　假设有 3 个证据源，幂集空间中仅存在单子焦元的基本概率赋值，记为 $G_k^\varTheta = \{\theta_1, \theta_2, \cdots, \theta_5\}(k = 1, 2, 3)$。每条证据的基本概率赋值为

$$m^1 = \{0.1, 0.1, 0.3, 0.3, 0.2\}$$
$$m^2 = \{0.2, 0.3, 0.05, 0.3, 0.15\}$$
$$m^3 = \{0.1, 0.05, 0.4, 0.35, 0.1\}$$

本节所研究方法的计算过程如下。

（1）采用本节给出的证据聚类方法将各证据焦元的基本概率赋值聚类成两个集合，记为

$$x_a^1 = \{\theta_3, \theta_4, \theta_5\}, x_b^1 = \{\theta_1, \theta_2\}$$
$$x_a^2 = \{\theta_1, \theta_2, \theta_4, \theta_5\}, x_b^2 = \{\theta_3\}$$
$$x_a^3 = \{\theta_4, \theta_5\}, x_b^3 = \{\theta_1, \theta_2, \theta_3\}$$

则

$$X_a^1 = m_3^1(\theta_3) + m_4^1(\theta_4) + m_5^1(\theta_5) = 0.8; X_b^1 = m_1^1(\theta_1) + m_2^1(\theta_2) = 0.2$$
$$X_a^2 = m_1^2(\theta_1) + m_2^2(\theta_2) + m_4^2(\theta_4) + m_5^2(\theta_5) = 0.95; X_b^2 = m_3^2(\theta_3) = 0.05 \quad (5\text{-}43)$$
$$X_a^3 = m_4^3(\theta_4) + m_5^3(\theta_5) = 0.75; X_b^3 = m_1^3(\theta_1) + m_2^3(\theta_2) + m_3^3(\theta_3) = 0.25$$

（2）根据式（5-36）～式（5-38），求出凸函数近似推理融合结果为

$$m_{\text{PCR-CONVEX}}^1(\theta_1) = \frac{m_1^1(\theta_1)^2 \times X_a^2 \times X_a^3}{m_1^1(\theta_1) + X_a^2/3 + X_a^3/2} + \frac{m_1^1(\theta_1)^2 \times X_a^2 \times X_b^3}{m_1^1(\theta_1) + X_a^2/3 + X_b^3/3} +$$

$$\frac{m_1^1(\theta_1)^2 \times X_b^2 \times X_b^3}{m_1^1(\theta_1) + X_b^2/2 + X_b^3/3} + \frac{m_1^1(\theta_1)^2 \times X_b^2 \times X_a^3}{m_1^1(\theta_1) + X_b^2/2 + X_a^3/2}$$

$$= 0.0169$$

$$m_{\text{PCR-CONVEX}}^1(\theta_2) = \frac{m_2^1(\theta_2)^2 \times X_a^2 \times X_a^3}{m_2^1(\theta_2) + X_a^2/3 + X_a^3/2} + \frac{m_2^1(\theta_2)^2 \times X_a^2 \times X_b^3}{m_2^1(\theta_2) + X_a^2/3 + X_b^3/3} +$$

$$\frac{m_2^1(\theta_2)^2 \times X_b^2 \times X_b^3}{m_2^1(\theta_2) + X_b^2/2 + X_b^3/3} + \frac{m_2^1(\theta_2)^2 \times X_b^2 \times X_a^3}{m_2^1(\theta_2) + X_b^2/2 + X_a^3/2}$$

$$= 0.0169$$

$$m_{\text{PCR-CONVEX}}^1(\theta_3) = \frac{m_3^1(\theta_3)^2 \times X_a^2 \times X_a^3}{m_3^1(\theta_3) + X_a^2/3 + X_a^3/2} + \frac{m_3^1(\theta_3)^2 \times X_a^2 \times X_b^3}{m_3^1(\theta_3) + X_a^2/3 + X_b^3/3} +$$

$$\frac{m_3^1(\theta_3)^2 \times X_b^2 \times X_b^3}{m_3^1(\theta_3) + X_b^2/2 + X_b^3/3} + \frac{m_3^1(\theta_3)^2 \times X_b^2 \times X_a^3}{m_3^1(\theta_3) + X_b^2/2 + X_a^3/2} \qquad (5\text{-}44)$$

$$= 0.1120$$

$$m_{\text{PCR-CONVEX}}^1(\theta_4) = \frac{m_4^1(\theta_4)^2 \times X_a^2 \times X_a^3}{m_4^1(\theta_4) + X_a^2/3 + X_a^3/2} + \frac{m_4^1(\theta_4)^2 \times X_a^2 \times X_b^3}{m_4^1(\theta_4) + X_a^2/3 + X_b^3/3} +$$

$$\frac{m_4^1(\theta_4)^2 \times X_b^2 \times X_b^3}{m_4^1(\theta_4) + X_b^2/2 + X_b^3/3} + \frac{m_4^1(\theta_4)^2 \times X_b^2 \times X_a^3}{m_4^1(\theta_4) + X_b^2/2 + X_a^3/2}$$

$$= 0.1120$$

$$m_{\text{PCR-CONVEX}}^1(\theta_5) = \frac{m_5^1(\theta_5)^2 \times X_a^2 \times X_a^3}{m_5^1(\theta_5) + X_a^2/3 + X_a^3/2} + \frac{m_5^1(\theta_5)^2 \times X_a^2 \times X_b^3}{m_5^1(\theta_5) + X_a^2/3 + X_b^3/3} +$$

$$\frac{m_5^1(\theta_5)^2 \times X_b^2 \times X_b^3}{m_5^1(\theta_5) + X_b^2/2 + X_b^3/3} + \frac{m_5^1(\theta_5)^2 \times X_b^2 \times X_a^3}{m_5^1(\theta_5) + X_b^2/2 + X_a^3/2}$$

$$= 0.0572$$

同理，

$$m_{\text{PCR-CONVEX}}^2 = [0.0572 \ 0.1118 \ 0.0047 \ 0.1118 \ 0.0348]$$
$$m_{\text{PCR-CONVEX}}^3 = [0.0183 \ 0.0051 \ 0.1875 \ 0.1526 \ 0.0183] \qquad (5\text{-}45)$$

则多源证据的凸函数近似推理融合结果为

$$m_{\text{CONVEX}} = \{0.0923, 0.1337, 0.3042, 0.3764, 0.1103\} \qquad (5\text{-}46)$$

（3）根据式（5-40）求出本节所研究方法近似推理融合结果：

$$m_{\text{Guo}} = \{0.0908, 0.1315, 0.2991, 0.3701, 0.1085\} \qquad （5-47）$$

（4）DSmT+PCR6 方法的推理融合结果为

$$m_{\text{DSmT+PCR6}} = \{0.0909, 0.1322, 0.2984, 0.3702, 0.1083\} \qquad （5-48）$$

求出 m_{Guo} 和 $m_{\text{DSmT+PCR6}}$ 的 Euclidean 相似度：

$$E_{\text{Guo}} = 0.9993 \qquad （5-49）$$

由以上的例子可知，本节所研究方法推理融合结果与 DSmT+PCR6 方法推理融合结果的 Euclidean 相似度能够保持在 0.9990 以上，说明本节所研究方法的精确度很高，且具有实践意义。

例 9 的 MATLAB 程序代码如下。

```
tic
```

① 对证据源的基本概率赋值进行证据聚类。

```
a(1,1)=0.8;
a(1,2)=0.2;
na(1,1)=3;
na(1,2)=2;
a(2,1)=0.95;
a(2,2)=0.05;
na(2,1)=4;
na(2,2)=1;
a(3,1)=0.75;
a(3,2)=0.25;
na(3,1)=2;
na(3,2)=3;
```

② 根据式（5-36）～式（5-38）求出凸函数近似推理融合结果。

```
m(1,:)=[0.1 0.1 0.3 0.3 0.2];
m(2,:)=[0.2 0.3 0.05 0.3 0.15];
m(3,:)=[0.1  0.05  0.4 0.35 0.1 ];
```

```
for s=1:5
    conflict=0;
    h=1;
    for j=1:2
        for k=1:2
            conflict(h)=(m(1,s)^2*a(2,j)*a(3,k))/(m(1,s)+a(2,j)/na(2,j)+a(3,k)/na(3,k));
            h=h+1;
        end
    end
    mcon(1,s)=sum(conflict);
end
for s=1:5
    conflict=0;
    h=1;
    for j=1:2
        for k=1:2
            conflict(h)=(m(2,s)^2*a(1,j)*a(3,k))/(m(2,s)+a(1,j)/na(1,j)+a(3,k)/na(3,k));
            h=h+1;
        end
    end
    mcon(2,s)=sum(conflict);
end
for s=1:5
    conflict=0;
    h=1;
    for j=1:2
        for k=1:2
            conflict(h)=(m(3,s)^2*a(1,j)*a(2,k))/(m(3,s)+a(1,j)/na(1,j)+a(2,k)/na(2,k));
            h=h+1;
        end
```

```
        end
        mcon(3,s)=sum(conflict);
    end
    for i=1:5
        mconvex(i)=mcon(1,i)+mcon(2,i)+mcon(3,i);
    end
```

③ 根据式（5-40）求出本节所研究方法的近似推理融合结果。

```
summconvex=sum(mconvex);
for i=1:5
    mconvex(i)=mconvex(i)/summconvex;          %近似推理融合结果
end
timeconvex=toc;                                %计算时间
```

例 10　假设存在与例 9 中证据源相同的 3 个证据源，幂集空间为 $G_k^\Theta = \{\theta_1, \theta_2, \cdots, \theta_5\}$（$k = 1, 2, 3$）。3 个证据源中的证据分别为 $m^1 = \{0.1, 0.1, 0.3, 0.3, 0.2\}$、$m^2 = \{0.2, 0.3, 0.05, 0.3, 0.15\}$、$m^3 = \{0.1, 0.05, 0.4, 0.35, 0.1\}$。证据 m^1 和 m^2 保持不变，证据 m^3 中每个焦元的位置不变，而每个焦元的基本概率赋值依次向后移动一位，最后一位补到第一位焦元位置，得到 4 条新的证据如下：

$$m^3 = \{0.1, 0.1, 0.05, 0.4, 0.35\}$$
$$m^3 = \{0.35, 0.1, 0.1, 0.05, 0.4\}$$
$$m^3 = \{0.4, 0.35, 0.1, 0.1, 0.05\} \tag{5-50}$$
$$m^3 = \{0.05, 0.4, 0.35, 0.1, 0.1\}$$

分别通过 DSmT+PCR6 方法和本节所研究方法将每条新的 m^3 证据与原始 m^1 和 m^2 证据进行融合得到推理融合结果，并采用 Euclidean 相似度函数对推理融合结果进行相似度分析，本节所研究方法与 DSmT+PCR6 方法的推理融合结果及 Euclidean 相似度如表 5-7 所示。

表 5-7　本节所研究方法与 DSmT+PCR6 方法的推理融合结果及 Euclidean 相似度

序号	1	2	3	4
本节所研究方法 推理融合结果	0.0908,0.1445,0.11 97,0.4044,0.2406	0.2229,0.1445,0.1 327,0.2250,0.2749	0.2573,0.2766,0.132 7,0.2380,0.0955	0.0778,0.3109,0.26 48,0.2380,0.1085

序号	1	2	3	4
DSmT+PCR6 方法推理融合结果	0.0909,0.1451,0.1194,0.4045,0.2401	0.2227,0.1451,0.1323,0.2255,0.2744	0.2570,0.2768,0.1323,0.2384,0.0954	0.0780,0.3111,0.2640,0.2384,0.1083
Euclidean 相似度	0.9994	0.9992	0.9995	0.9993

如表 5-7 所示，本节所研究方法的推理融合结果与 DSmT+PCR6 方法的推理融合结果的相似度均保持在 0.9990 以上，且变化极小，说明本节所研究方法不仅具有与 DSmT+PCR6 方法极高的推理融合结果相似度，而且具有较高的稳定性。

2. 单子焦元和多子焦元同时存在的复杂证据源情况

例 11 假设存在 3 个证据源，且在其混合幂集空间中同时存在交多子焦元和单子焦元，记为 $G_k^{\Theta} = \{\theta_1 \bigcup \theta_2, \theta_1, \theta_2, \theta_3, \theta_4, \theta_5, \theta_6, \theta_7\}$ ($k = 1, 2, 3$)。各证据的基本概率赋值记为

$$m^1 = \{0.2, 0.1, 0.1, 0.1, 0.3, 0.1, 0.05, 0.05\}$$
$$m^2 = \{0.05, 0.2, 0.3, 0.05, 0.25, 0.01, 0.1, 0.04\} \quad (5\text{-}51)$$
$$m^3 = \{0.1, 0.1, 0.04, 0.4, 0.15, 0.1, 0.1, 0.01\}$$

本节所研究方法的流程如下。

（1）根据本节所研究的 DSmT 证据聚类方法，将各证据中的基本概率赋值聚类成两类：

$$x_a^1 = \{\theta_1 \bigcup \theta_2, \theta_4\}, x_b^1 = \{\theta_1, \theta_2, \theta_3, \theta_5, \theta_6, \theta_7\}$$
$$x_a^2 = \{\theta_1 \bigcup \theta_2, \theta_1, \theta_2, \theta_3, \theta_4, \theta_6, \theta_7\}, x_b^2 = \{\theta_5\} \quad (5\text{-}52)$$
$$x_a^3 = \{\theta_3, \theta_4\}, x_b^3 = \{\theta_1 \bigcup \theta_2, \theta_1, \theta_2, \theta_5, \theta_6, \theta_7\}$$

则

$$X_a^1 = 0.5, X_b^1 = 0.5$$
$$X_a^2 = 0.99, X_b^2 = 0.01 \quad (5\text{-}53)$$
$$X_a^3 = 0.55, X_b^3 = 0.45$$

（2）根据式（5-36）～式（5-38），得到近似推理融合结果为

$$m_{\text{PCR-CONVEX}}^1 = \{0.0792, 0.0250, 0.0250, 0.0250, 0.1479,$$
$$0.0250, 0.0072, 0.0072\}$$

$$m_{\text{PCR-CONVEX}}^2 = \{0.0071, 0.0771, 0.1442, 0.0071, 0.1093, \qquad (5\text{-}54)$$
$$0.0003, 0.0244, 0.0047\}$$

$$m_{\text{PCR-CONVEX}}^3 = \{0.0257, 0.0257, 0.0049, 0.2297, 0.0510,$$
$$0.0257, 0.0257, 0.0003\}$$

（3）得到归一化的凸函数推理融合结果：

$$m_{\text{CONVEX}} = \{0.1014, 0.1157, 0.1576, 0.2370, 0.2791, \qquad (5\text{-}55)$$
$$0.0462, 0.0519, 0.0111\}$$

（4）对于交多子焦元中不相交的单子焦元 $\theta_3, \theta_4, \theta_5, \theta_6, \theta_7$，近似凸函数推理融合结果不变。但对于交多子焦元 $\theta_1 \bigcup \theta_2$ 和涉及其中的单子焦元 θ_1 与 θ_2，凸函数近似推理融合结果需要进行如下调整。

$m_{\text{PCR-CONVEX}}^1(\theta_1 \bigcup \theta_2)$ 中有来自以下项的错误概率分配：

$$m^1(\theta_1 \bigcup \theta_2) \otimes m^2(\theta_1) \otimes m^3(\theta_1), m^1(\theta_1 \bigcup \theta_2) \otimes m^2(\theta_2) \otimes m^3(\theta_2)$$
$$m^1(\theta_1 \bigcup \theta_2) \otimes m^2(\theta_1 \bigcup \theta_2) \otimes m^3(\theta_1), m^1(\theta_1 \bigcup \theta_2) \otimes m^2(\theta_1) \otimes m^3(\theta_1 \bigcup \theta_2) \qquad (5\text{-}56)$$
$$m^1(\theta_1 \bigcup \theta_2) \otimes m^2(\theta_1 \bigcup \theta_2) \otimes m^3(\theta_2), m^1(\theta_1 \bigcup \theta_2) \otimes m^2(\theta_2) \otimes m^3(\theta_1 \bigcup \theta_2)$$

这些项应该是推理融合结果中焦元 $m_{\text{PCR-CONVEX}}^1(\theta_1)$ 和 $m_{\text{PCR-CONVEX}}^1(\theta_2)$ 的概率赋值组成部分。同理，$m_{\text{PCR-CONVEX}}^2(\theta_1 \bigcup \theta_2), m_{\text{PCR-CONVEX}}^3(\theta_1 \bigcup \theta_2)$ 也有错误的概率分配。所以，m^1、m^2、m^3 的 $\theta_1 \bigcup \theta_2$ 产生的推理融合结果中有错误的概率分配，其中应属于 θ_1 和 θ_2 的推理融合结果如下：

$$m\text{-multiple}^1(\theta_1, \theta_2) = \{0.0038, 0.0032\}$$
$$m\text{-multiple}^2(\theta_1, \theta_2) = \{0.0003, 0.0003\} \qquad (5\text{-}57)$$
$$m\text{-multiple}^3(\theta_1, \theta_2) = \{0.0015, 0.0018\}$$

则

$$m_{\text{Guo}}(\theta_1 \bigcup \theta_2) = m_{\text{CONVEX}}(\theta_1 \bigcup \theta_2) - \sum_{j=1,2,3} m\text{-multiple}^j(\theta_1) - \qquad (5\text{-}58)$$
$$\sum_{j=1,2,3} m\text{-multiple}^j(\theta_2)$$

$$m_{\text{Guo}}(\theta_1) = m_{\text{CONVEX}}(\theta_1) + \sum_{j=1,2,3} m\text{-multiple}^j(\theta_1) \qquad (5\text{-}59)$$

$$m_{\text{Guo}}(\theta_2) = m_{\text{CONVEX}}(\theta_2) + \sum_{j=1,2,3} m\text{-multiple}^j(\theta_2) \qquad (5\text{-}60)$$

本节所研究方法最后的近似推理融合结果为

$$m_{\text{Guo}} = \{0.0906, 0.1214, 0.1628, 0.2370, 0.2791, 0.0462, 0.0519, 0.0111\} \, (5\text{-}61)$$

DSmT+PCR6 方法的推理融合结果为

$$m_{\text{DSmT+PCR6}} = \{0.0858, 0.1232, 0.1678, 0.2380, 0.2789, 0.0441, \\ 0.0515, 0.0107\} \qquad (5\text{-}62)$$

求出 m_{Guo} 和 $m_{\text{DSmT+PCR6}}$ 的 Euclidean 相似度：

$$E_{\text{GH}} = 0.9946 \qquad (5\text{-}63)$$

由以上实验结果可知，在单子焦元和多子焦元同时存在于证据中的复杂情况下，本节所研究方法推理融合结果与 DSmT+PCR6 方法推理融合结果的 Euclidean 相似度仍能保持在 0.9900 以上，说明本节所研究方法不只适用于简单证据的情况，经过后期的修正，也适用于交多子焦元存在的复杂情况。

例 12 假设存在 3 个证据源，且这些证据源与例 11 中的证据源相同，混合幂集空间为 $G_k^{\Theta} = \{\theta_1 \bigcup \theta_2, \theta_1, \theta_2, \theta_3, \theta_4, \theta_5, \theta_6, \theta_7\}$（$k=1,2,3$）。证据 m^1 和证据 m^2 保持不变，证据 m^3 中每个焦元的位置不变，而每个焦元的基本概率赋值依次向后移动一位，最后一位补到第一位焦元位置，得到 7 条新的证据如下：

$$m^3 = \{0.01, 0.1, 0.1, 0.04, 0.4, 0.15, 0.1, 0.1\}$$
$$m^3 = \{0.1, 0.01, 0.1, 0.1, 0.04, 0.4, 0.15, 0.1\}$$
$$m^3 = \{0.1, 0.1, 0.01, 0.1, 0.1, 0.04, 0.4, 0.15\}$$
$$m^3 = \{0.15, 0.1, 0.1, 0.01, 0.1, 0.1, 0.04, 0.4\} \qquad (5\text{-}64)$$
$$m^3 = \{0.4, 0.15, 0.1, 0.1, 0.01, 0.1, 0.1, 0.04\}$$
$$m^3 = \{0.04, 0.4, 0.15, 0.1, 0.1, 0.01, 0.1, 0.1\}$$
$$m^3 = \{0.1, 0.04, 0.4, 0.15, 0.1, 0.1, 0.01, 0.1\}$$

分别利用 DSmT+PCR6 方法和本节所研究方法将每条新的 m^3 证据与原始的 m^1 证据和 m^2 证据进行融合，得到推理融合结果，并计算推理融合结果的 Euclidean 相似度，如表 5-8 所示。

表 5-8　本节所研究方法与 DSmT+PCR6 方法的推理融合结果及 Euclidean 相似度

实验次数	1	2	3	4	5	6	7
Euclidean 相似度	0.9949	0.9946	0.9942	0.9941	0.9938	0.9946	0.9929

如表 5-8 所示，在证据中同时存在多子焦元和单子焦元的复杂情况下，本节所研究方法的推理融合结果与 DSmT+PCR6 方法的推理融合结果的相似度极高，均维持在 0.9900 以上，且稳定性好，相似度随着证据中基本概率赋值的变化波动不大，说明本节所研究方法有较好的实践价值。

3. 交换律分析

例 13　假设存在 3 个证据源，仅单子焦元存在基本概率赋值，幂集空间为 $G_k^\Theta = \{\theta_1, \theta_2, \cdots, \theta_5\}(k=1,2,3)$。各证据源证据的基本概率赋值为

$$m^1 = \{0.1, 0.1, 0.3, 0.3, 0.2\}$$
$$m^2 = \{0.2, 0.3, 0.05, 0.3, 0.15\}$$
$$m^3 = \{0.1, 0.05, 0.4, 0.35, 0.1\}$$

（1）采用 $m^1 \rightarrow m^2 \rightarrow m^3$ 的融合顺序进行融合，推理融合结果可由式（5-43）～式（5-47）得出：

$$m_{\text{Guo}} = \{0.0908, 0.1315, 0.2991, 0.3701, 0.1085\} \tag{5-65}$$

（2）采用 $m^1 \rightarrow m^3 \rightarrow m^2$ 的融合顺序进行融合，具体流程如下。

① 根据证据聚类方法将各证据中的基本概率赋值聚类为两个集合：

$$x_a^1 = \{\theta_3, \theta_4, \theta_5\}, x_b^1 = \{\theta_1, \theta_2\}$$
$$x_a^3 = \{\theta_3, \theta_5\}, x_b^3 = \{\theta_1, \theta_2, \theta_5\} \tag{5-66}$$
$$x_a^2 = \{\theta_1, \theta_2, \theta_4, \theta_5\}, x_b^2 = \{\theta_3\}$$

则

$$X_a^1 = 0.8, X_b^1 = 0.2$$
$$X_a^3 = 0.75, X_b^3 = 0.25 \tag{5-67}$$
$$X_a^2 = 0.95, X_b^2 = 0.05$$

② 由式（5-36）～式（5-38），得到凸函数近似推理融合结果：

$$m\text{-convex}_1^1(\theta_1) = \frac{m_1^1(\theta_1)^2 \times X_a^3 \times X_a^2}{m_1^1(\theta_1) + X_a^3/2 + X_a^2/3} + \frac{m_1^1(\theta_1)^2 \times X_b^3 \times X_a^2}{m_1^1(\theta_1) + X_b^3/3 + X_a^2/3} +$$

$$\frac{m_1^1(\theta_1)^2 \times X_b^3 \times X_b^2}{m_1^1(\theta_1) + X_b^3/3 + X_b^2/2} + \frac{m_1^1(\theta_1)^2 \times X_a^3 \times X_b^2}{m_1^1(\theta_1) + X_a^3/2 + X_b^2/2}$$

$$= 0.0169$$

$$m\text{-convex}_2^1(\theta_2) = \frac{m_2^1(\theta_2)^2 \times X_a^3 \times X_a^2}{m_2^1(\theta_2) + X_a^3/2 + X_a^2/3} + \frac{m_2^1(\theta_2)^2 \times X_b^3 \times X_a^2}{m_2^1(\theta_2) + X_b^3/3 + X_a^2/3} +$$

$$\frac{m_2^1(\theta_2)^2 \times X_b^3 \times X_b^2}{m_2^1(\theta_2) + X_b^3/3 + X_b^2/2} + \frac{m_2^1(\theta_2)^2 \times X_a^3 \times X_b^2}{m_2^1(\theta_2) + X_a^3/2 + X_b^2/2}$$

$$= 0.0169$$

$$m\text{-convex}_3^1(\theta_3) = \frac{m_3^1(\theta_3)^2 \times X_a^3 \times X_a^2}{m_3^1(\theta_3) + X_a^3/2 + X_a^2/3} + \frac{m_3^1(\theta_3)^2 \times X_b^3 \times X_a^2}{m_3^1(\theta_3) + X_b^3/3 + X_a^2/3} +$$

$$\frac{m_3^1(\theta_3)^2 \times X_b^3 \times X_b^2}{m_3^1(\theta_3) + X_b^3/3 + X_b^2/2} + \frac{m_3^1(\theta_3)^2 \times X_a^3 \times X_b^2}{m_3^1(\theta_3) + X_a^3/2 + X_b^2/2} \quad (5\text{-}68)$$

$$= 0.1120$$

$$m\text{-convex}_4^1(\theta_4) = \frac{m_4^1(\theta_4)^2 \times X_a^3 \times X_a^2}{m_4^1(\theta_4) + X_a^3/2 + X_a^2/3} + \frac{m_4^1(\theta_4)^2 \times X_b^3 \times X_a^2}{m_4^1(\theta_4) + X_b^3/3 + X_a^2/3} +$$

$$\frac{m_4^1(\theta_4)^2 \times X_b^3 \times X_b^2}{m_4^1(\theta_4) + X_b^3/3 + X_b^2/2} + \frac{m_4^1(\theta_4)^2 \times X_a^3 \times X_b^2}{m_4^1(\theta_4) + X_a^3/2 + X_b^2/2}$$

$$= 0.1120$$

$$m\text{-convex}_5^1(\theta_5) = \frac{m_5^1(\theta_5)^2 \times X_a^3 \times X_a^2}{m_5^1(\theta_5) + X_a^3/2 + X_a^2/3} + \frac{m_5^1(\theta_5)^2 \times X_b^3 \times X_a^2}{m_5^1(\theta_5) + X_b^3/3 + X_a^2/3} +$$

$$\frac{m_5^1(\theta_5)^2 \times X_b^3 \times X_b^2}{m_5^1(\theta_5) + X_b^3/3 + X_b^2/2} + \frac{m_5^1(\theta_5)^2 \times X_a^3 \times X_b^2}{m_5^1(\theta_5) + X_a^3/2 + X_b^2/2}$$

$$= 0.0572$$

同理，

$$m\text{-convex}^2 = \{0.0572, 0.1118, 0.0047, 0.1118, 0.0348\}$$

$$m\text{-convex}^3 = \{0.0183, 0.0051, 0.1875, 0.1526, 0.0183\} \quad (5\text{-}69)$$

则多源证据的凸函数近似推理融合结果为

$$m_{\text{CONVEX}} = \{0.0923, 0.1337, 0.3042, 0.3764, 0.1103\} \quad (5\text{-}70)$$

③ 求出本节所研究方法的近似推理融合结果：

$$m_{\text{Guo}} = \{0.0908, 0.1315, 0.2991, 0.3701, 0.1085\} \qquad (5\text{-}71)$$

通过对比例 9 的融合过程可知，本节所研究方法的推理融合结果与多源证据的融合顺序无关。经分析可知，由于凸函数近似公式满足交换律的性质，所以本节所研究方法也必然满足交换律。

4. 高冲突证据源情况

例 14　假设存在 4 个高冲突的证据源，其幂集空间为 $D^{\Theta} = \{\theta_1, \theta_2, \theta_3, \theta_4\}$，4 个证据源的证据如表 5-9 所示。

表 5-9　4 个证据源的证据

高冲突证据源	证据			
	θ_1	θ_2	θ_3	θ_4
S_1	$x - 0.01$	0.01	$1 - x - 0.01$	0.01
S_2	0.01	$y - 0.01$	0.01	$1 - y - 0.01$
S_3	0.01	$x - 0.01$	$1 - x - 0.01$	0.01
S_4	$y - 0.01$	$1 - y - 0.01$	0.01	0.01

令 $x, y \in [0.02, 0.98]$，且 x、y 从 0.02 以步长 0.01 增加至 0.98。在 x、y 取不同值时，本节所研究方法的推理融合结果与 DSmT+PCR6 方法的推理融合结果的相似度如图 5-5 所示。统计本次实验结果中的平均相似度为 0.9917。

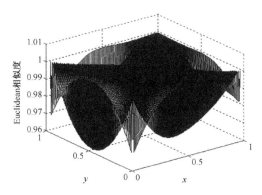

图 5-5　本节所研究方法的推理融合结果与 DSmT+PCR6 方法的
推理融合结果的相似度

由图 5-5 和统计得到的平均相似度可知,在高冲突证据源的情况下,本节所研究方法的推理融合结果仍能与 DSmT+PCR6 方法的推理融合结果保持较高的相似度,且平均相似度在 0.9900 以上,说明本节所研究方法可以有效地处理高冲突多源证据融合问题。

5. 收敛性分析

例 15 假设存在 4 个证据源,且仅单子焦元具有基本概率赋值,幂集空间为 $G_k^\Theta = \{\theta_1, \theta_2, \cdots, \theta_6\}(k=1 或 2)$。各证据中的基本概率赋值为

$$m^1 = \{0.01, 0.11, 0.35, 0.23, 0.15, 0.15\}$$
$$m^2 = \{0.01, 0.11, 0.23, 0.35, 0.15, 0.15\}$$
$$m^3 = \{0.5, 0.3, 0.05, 0.05, 0.05, 0.05\}$$
$$m^4 = \{0.4, 0.2, 0.1, 0.1, 0.1, 0.1\}$$

本例用 3 种方法进行收敛性分析,3 种方法分别是 DSmT+PCR6 方法、本节所研究方法,以及 D-S 证据理论框架下的 Dempster 组合方法。

首先,分别采用不同的融合方法得到 4 条证据的推理融合结果;其次,将不同方法前一步的推理融合结果分别与证据 m^3、m^4 进行融合,并重复操作。对不同方法的推理融合结果进行收敛性分析,得到实验结果对比如表 5-10 所示。

表 5-10 各方法的推理融合结果的收敛性分析实验结果对比

实验次数	DSmT+PCR6 方法	本节所研究方法	D-S 证据理论框架下的 Dempster 组合方法
1	0.5811,0.2209,0.0688, 0.0688,0.0302,0.0302	0.5796,0.2218,0.0681, 0.0681,0.0312,0.0312	0.0759,0.8264,0.0382, 0.0382,0.0170,0.0170
2	0.6845,0.2200.0.0272, 0.0272,0.0205,0.0205	0.6824,0.2217,0.0272, 0.0272,0.0208,0.0208	0.2326,0.7599,0.0029, 0.0029,0.0008,0.0008
3	0.7284,0.2022,0.0177, 0.0177,0.0171,0.0171	0.7245,0.2049,0.0179, 0.0179,0.0174,0.0174	0.5048,0.4948,0.0002, 0.0002,0.0000,0.0000
4	0.7494,0.1870,0.0159, 0.0159,0.0159,0.0159	0.7433,0.1913,0.0164, 0.0164,0.0163,0.0163	0.7728,0.2272,0.0000, 0.0000,0.0000,0.0000
5	0.7607,0.1775,0.0154, 0.0154,0.0154,0.0154	0.7525,0.1834,0.0160, 0.0160,0.0160,0.0160	0.9189,0.0811,0.0000, 0.0000,0.0000,0.0000

续表

实验次数	DSmT+PCR6 方法	本节所研究方法	D-S 证据理论框架下的 Dempster 组合方法
6	0.7670,0.1719,0.0153, 0.0153,0.0153,0.0153	0.7571,0.1792,0.0159, 0.0159,0.0159,0.0159	0.9742,0.0258,0.0000, 0.0000,0.0000,0.0000
7	0.7705,0.1688,0.0152, 0.0152,0.0152,0.0152	0.7594,0.1770,0.0159, 0.0159,0.0159,0.0159	0.9921,0.0079,0.0000, 0.0000,0.0000,0.0000
8	0.7725,0.1671,0.0151, 0.0151,0.0151,0.0151	0.7605,0.1760,0.0159, 0.0159,0.0159,0.0159	0.9976,0.0024,0.0000, 0.0000,0.0000,0.0000
9	0.7735,0.1662,0.0151, 0.0151,0.0151,0.0151	0.7611,0.1755,0.0159, 0.0159,0.0159,0.0159	0.9993,0.0007,0.0000, 0.0000,0.0000,0.0000
10	0.7741,0.1656,0.0151, 0.0151,0.0151,0.0151	0.7614,0.1752,0.0159, 0.0159,0.0159,0.0159	0.9998,0.0002,0.0000, 0.0000,0.0000,0.0000
11	0.7745,0.1653,0.0151, 0.0151,0.0151,0.0151	0.7615,0.1751,0.0159, 0.0159,0.0159,0.0159	0.9999,0.0001,0.0000, 0.0000,0.0000,0.0000
12	0.7746,0.1652,0.0150, 0.0150,0.0150,0.0150	0.7616,0.1750,0.0158, 0.0158,0.0158,0.0158	1.0000,0.0000,0.0000, 0.0000,0.0000,0.0000
13	0.7747,0.1651,0.0150, 0.0150,0.0150,0.0150	0.7616,0.1750,0.0158, 0.0158,0.0158,0.0158	1.0000,0.0000,0.0000, 0.0000,0.0000,0.0000
14	0.7748,0.1650,0.0150, 0.0150,0.0150,0.0150	0.7617,0.1750,0.0158, 0.0158,0.0158,0.0158	1.0000,0.0000,0.0000, 0.0000,0.0000,0.0000
15	0.7748,0.1650,0.0150, 0.0150,0.0150,0.0150	0.7617,0.1749,0.0158, 0.0158,0.0158,0.0158	1.0000,0.0000,0.0000, 0.0000,0.0000,0.0000
16	0.7748,0.1650,0.0150, 0.0150,0.0150,0.0150	0.7617,0.1749,0.0158, 0.0158,0.0158,0.0158	1.0000,0.0000,0.0000, 0.0000,0.0000,0.0000
17	0.7748,0.1650,0.0150, 0.0150,0.0150,0.0150	0.7617,0.1749,0.0158, 0.0158,0.0158,0.0158	1.0000,0.0000,0.0000, 0.0000,0.0000,0.0000
18	0.7749,0.1650,0.0150, 0.0150,0.0150,0.0150	0.7617,0.1749,0.0158, 0.0158,0.0158,0.0158	1.0000,0.0000,0.0000, 0.0000,0.0000,0.0000
19	0.7749,0.1650,0.0150, 0.0150,0.0150,0.0150	0.7617,0.1749,0.0158, 0.0158,0.0158,0.0158	1.0000,0.0000,0.0000, 0.0000,0.0000,0.0000
20	0.7749,0.1650,0.0150, 0.0150,0.0150,0.0150	0.7617,0.1749,0.0158, 0.0158,0.0158,0.0158	1.0000,0.0000,0.0000, 0.0000,0.0000,0.0000

由表 5-10 可得到以下结论。

（1）本节所研究方法的收敛速度优于 DSmT+PCR6 方法。本节所研究方法在第 15 次实验时收敛于{0.7617,0.1749,0.0158,0.0158,0.0158,0.0158}，而 DSmT+PCR6 方法在第 18 次实验时收敛于{0.7749,0.1650,0.0150, 0.0150,0.0150,0.0150}。

（2）D-S 证据理论框架下的 Dempster 组合方法在 3 种方法中收敛速度最快，其在第 12 次实验时收敛于{1.0000,0.0000,0.0000,0.0000,0.0000, 0.0000}。但该推理融合结果绝对收敛于焦元 θ_1，并且在之后的任一时刻，即使与侧重于其他焦元的证据信息进行融合，推理融合结果也不会轻易改变，这样显然与事实不符，容易导致融合系统产生错误结果。另外，该方法在第 1、2 次实验时得到了与事实相悖的推理融合结果。

由以上收敛性分析可知，本节所研究方法具有较快的收敛速度，且收敛的推理融合结果也具有合理性和有效性。

6. 证据源随机基本概率赋值的蒙特卡罗仿真实验

例 16 假设存在 3 个证据源，且仅单子焦元存在基本概率赋值，幂集空间为 $P^{\Theta}=\{\theta_1,\theta_2,\cdots,\theta_{20}\}$。进行 1000 次蒙特卡罗仿真实验，每次实验均随机选取每个证据源中 20 个焦元的基本概率赋值。分别应用本节所研究方法和 DSmT+PCR6 方法对 3 条随机证据进行推理，得到推理融合结果，然后计算两种方法推理融合结果的 Euclidean 相似度和两种方法的计算时间，实验结果对比如图 5-6 和表 5-11 所示。

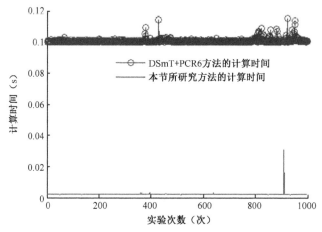

（a）本节所研究方法与 DSmT+PCR6 方法的计算时间对比

图 5-6 蒙特卡罗仿真实验结果对比

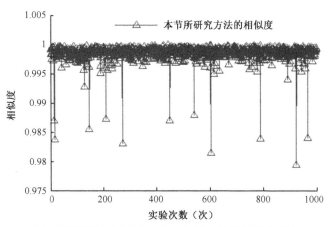

（b）本节所研究方法与 DSmT+PCR6 方法的推理融合结果相似度

图 5-6　蒙特卡罗仿真实验结果对比（续）

表 5-11　各方法的推理融合结果对比

方法	平均相似度	最大相似度	最小相似度	平均计算时间（s）	最大计算时间（s）	最小计算时间（s）
DSmT+PCR6 方法	—	—	—	0.1008	0.1153	0.1000
本节所研究方法	0.9981	0.9998	0.9792	0.0021	0.0306	0.0019

　　由图 5-6 及表 5-11 可知，在证据源随机基本概率赋值的情况下，本节所研究方法的相似度仍然较高，且其多次实验的平均相似度为 0.9981。另外，相似度随着证据基本概率赋值的变化而变化很小，本节所研究方法的平均计算时间明显小于 DSmT+PCR6 方法。仿真实验结果表明本节所研究方法具有一定的实践意义。

7. 焦元数量和证据源数量不断增加的蒙特卡罗仿真实验

　　例 17　假设证据源幂集空间中仅单子焦元存在基本概率赋值，并且每次蒙特卡罗仿真实验对多源证据进行随机基本概率赋值。由于在焦元数量和证据源数量较多的情况下，DSmT+PCR6 方法的计算量过大，已超出实验硬件的承受范围，故本节实验分三证据源、四证据源和五证据源 3 种情况进行验证。

（1）假设存在 3 个证据源（三证据源情况），且幂集空间中的焦元数量从 10 个增加到 100 个（每次增加 1 个）。随着焦元数量的增加，各方法的推理融合结果对比如表 5-12 所示，三证据源情况下的蒙特卡罗仿真实验结果对比如图 5-7 所示。

表 5-12　焦元数量增加情况下各方法的推理融合结果对比

	幂集空间中焦元数量从 10 个增加到 100 个（每次增加 1 个）							
本节所研究方法与 DSmT+PCR6 方法推理融合结果的相似度	0.9975	0.9981	0.9966	0.9994	0.9994	0.9975	0.9985	0.9969
	0.9994	0.9980	0.9980	0.9994	0.9987	0.9987	0.9983	0.9983
	0.9993	0.9987	0.9987	0.9988	0.9992	0.9992	0.9990	0.9992
	0.9993	0.9984	0.9981	0.9985	0.9994	0.9992	0.9991	0.9992
	0.9994	0.9988	0.9990	0.9987	0.9989	0.9987	0.9991	0.9988
	0.9991	0.9993	0.9993	0.9991	0.9992	0.9993	0.9991	0.9991
	0.9994	0.9992	0.9992	0.9993	0.9994	0.9991	0.9992	0.9982
	0.9995	0.9991	0.9992	0.9994	0.9994	0.9991	0.9991	0.9993
	0.9994	0.9992	0.9992	0.9994	0.9992	0.9990	0.9994	0.9993
	0.9990	0.9993	0.9992	0.9994	0.9994	0.9993	0.9994	0.9994
	0.9993	0.9991	0.9994	0.9995	0.9992	0.9994	0.9996	0.9991
	0.9993	0.9993	0.9995					
DSmT+PCR6 方法的计算时间（s）	0.0136	0.0178	0.0231	0.0293	0.0364	0.0449	0.0541	0.0649
	0.0772	0.0902	0.1051	0.1216	0.1396	0.1634	0.1807	0.2046
	0.2296	0.2566	0.2863	0.3178	0.3519	0.3917	0.4273	0.4675
	0.5119	0.5594	0.6064	0.6571	0.7128	0.7688	0.8315	0.8957
	0.9595	1.0322	1.1020	1.1814	1.2605	1.3430	1.4301	1.5241
	1.6163	1.7142	1.8220	1.9274	2.0317	2.1442	2.2680	2.3858
	2.5132	2.6485	2.7820	2.9233	3.0725	3.2183	3.3758	3.5551
	3.7073	3.8715	4.0438	4.2284	4.4090	4.6106	4.8100	5.0072
	5.2106	5.4224	5.6469	5.8702	6.1037	6.3513	6.5831	6.8244
	7.0899	7.3666	7.6205	7.8845	8.1786	8.4537	8.7576	9.0457
	9.3754	9.6663	9.9997	10.3222	10.6729	10.9954	11.3661	11.7039
	12.0813	12.4465	12.8435					

续表

	幂集空间中焦元数量从 10 个增加到 100 个（每次增加 1 个）							
	0.0010	0.0011	0.0011	0.0010	0.0013	0.0014	0.0015	0.0016
	0.0018	0.0018	0.0023	0.0020	0.0021	0.0022	0.0023	0.0024
	0.0025	0.0026	0.0027	0.0028	0.0030	0.0029	0.0031	0.0031
	0.0033	0.0034	0.0035	0.0036	0.0037	0.0037	0.0039	0.0039
本节所研究方法的	0.0041	0.0042	0.0042	0.0043	0.0045	0.0045	0.0047	0.0047
计算时间（s）	0.0049	0.0049	0.0050	0.0051	0.0052	0.0054	0.0054	0.0055
	0.0056	0.0057	0.0059	0.0058	0.0061	0.0061	0.0062	0.0062
	0.0064	0.0064	0.0066	0.0066	0.0067	0.0068	0.0070	0.0070
	0.0072	0.0072	0.0073	0.0074	0.0075	0.0075	0.0077	0.0078
	0.0080	0.0080	0.0083	0.0082	0.0083	0.0084	0.0086	0.0086
	0.0086	0.0087	0.0089	0.0089	0.0091	0.0091	0.0092	0.0093
	0.0095	0.0095	0.0097					

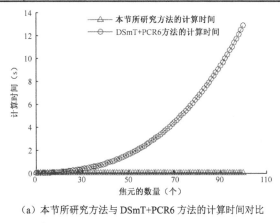

（a）本节所研究方法与 DSmT+PCR6 方法的计算时间对比

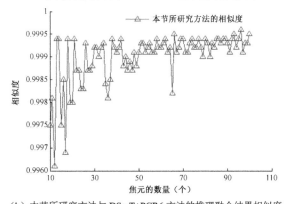

（b）本节所研究方法与 DSmT+PCR6 方法的推理融合结果相似度

图 5-7　三证据源情况下的蒙特卡罗仿真实验结果对比

（2）假设存在 4 个证据源（四证据源情况），且幂集空间中的焦元数量从 10 个增加到 50 个（每次增加 1 个）。随着焦元数量的增加，四证据源情况下的蒙特卡罗仿真实验结果对比如图 5-8 所示。焦元数量增加情况下各方法的推理融合结果对比如表 5-13 所示。

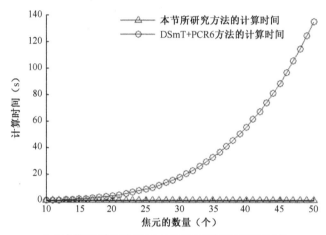

（a）本节所研究方法与 DSmT+PCR6 方法的计算时间对比

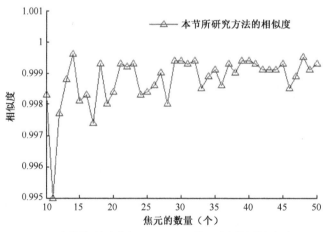

（b）本节所研究方法与 DSmT+PCR6 推理融合结果的相似度

图 5-8　四证据源情况下的蒙特卡罗仿真实验结果对比

表 5-13　焦元数量增加情况下各方法的推理融合结果对比

	幂集空间中焦元数量从 10 个增长加 50 个（每次增加 1 个）							
本节所研究方法与 DSmT+PCR6 方法推理融合结果的相似度	0.9983	0.9950	0.9977	0.9988	0.9996	0.9981	0.9983	0.9974
	0.9993	0.9980	0.9984	0.9993	0.9992	0.9993	0.9983	0.9984
	0.9986	0.9990	0.9980	0.9994	0.9994	0.9993	0.9994	0.9985
	0.9989	0.9991	0.9986	0.9993	0.9990	0.9994	0.9994	0.9993
	0.9991	0.9991	0.9991	0.9993	0.9985	0.9989	0.9995	0.9991
	0.9993							
DSmT+PCR6 方法的计算时间（s）	0.2231	0.3254	0.4611	0.6357	0.8566	1.1253	1.4504	1.8400
	2.2999	2.8605	3.5088	4.2584	5.1366	6.1118	7.2377	8.5324
	9.9685	11.5826	13.3757	15.4779	17.6713	20.0904	22.7751	
	25.8101	29.0150	32.5375	36.4431	40.6297	45.1417	50.0014	
	55.5241	61.1763	67.0867	73.7632	80.8800	88.2489	96.4572	
	105.1360	114.3164	124.0039	134.4708				
本节所研究方法的计算时间（s）	0.0029	0.0032	0.0034	0.0037	0.0039	0.0042	0.0046	0.0038
	0.0053	0.0053	0.0058	0.0064	0.0064	0.0065	0.0070	0.0070
	0.0074	0.0077	0.0082	0.0083	0.0086	0.0089	0.0091	0.0093
	0.0098	0.0099	0.0102	0.0106	0.0109	0.0114	0.0116	0.0118
	0.0121	0.0121	0.0125	0.0127	0.0131	0.0133	0.0136	0.0139
	0.0142							

（3）假设存在 5 个证据源（五证据源情况），且幂集空间中的焦元数量从 10 个增加到 20 个（每次增加 1 个）。焦元数量增加情况下各方法的推理融合结果对比如表 5-14 所示，五证据源情况下的蒙特卡罗仿真实验结果对比如图 5-9 所示。

表 5-14　焦元数量增加情况下各方法的推理融合结果对比

	幂集空间中焦元数量从 10 个增加到 20 个（每次增加 1 个）						
本节所研究方法与 DSmT+PCR6 方法推理融合结果的相似度	0.9981	0.9983	0.9993	0.9978	0.9970	0.9985	0.9990
	0.9979	0.9985	0.9985	0.9991			
DSmT+PCR6 方法的计算时间（s）	3.4090	5.4726	8.6574	12.6749	18.3057	28.8538	40.6810
	54.5926	71.8623	95.4186	123.2790			
本节所研究方法的计算时间（s）	0.0085	0.0092	0.0101	0.0116	0.0118	0.0095	0.0189
	0.0148	0.0160	0.0163	0.0221			

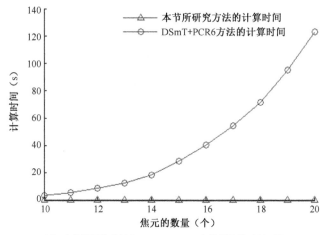

（a）本节所研究方法与 DSmT+PCR6 方法的计算时间对比

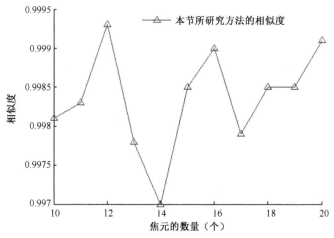

（b）本节所研究方法与 DSmT+PCR6 推理融合结果的相似度

图 5-9　五证据源情况下的蒙特卡罗仿真实验结果对比

通过焦元数量和证据源数量不断增加的蒙特卡罗仿真实验结果，可得到如下结论。

（1）DSmT+PCR6 方法的计算时间随着焦元数量的增加呈指数增长趋势，而本节所研究方法几乎仅呈线性增长趋势，且需要较少的计算时间。

（2）DSmT+PCR6 方法的计算时间随着证据源数量的增加而增长显著，当存在 5 个证据源且焦元数量为 20 个时，其计算时间达到了 123.2790s，对实验硬件来说负担极大，这说明当焦元数量较多时，DSmT+PCR6 方法很难满足智能决策系统的实时性要求。然而，本节所研究方法的计算时间随着证据源数量和焦元数量的增加均增加较少，且一直保持在非常低的水平，可以满足智能决策系统的实时性要求。

（3）在不同的情况下，本节所研究方法与 DSmT+PCR6 方法推理融合结果的 Euclidean 相似度均保持在 0.9900 以上，且随着焦元数量的增加而不断提高。这说明本节所研究方法可以得到与 DSmT+PCR6 方法相似度极高的推理融合结果，尤其是在焦元数量较多的情况下，本节所研究方法不仅计算量与 PCR6 方法相比急剧减小，而且推理融合结果相似度值较大，可以有效地应用于大数据背景下的多源信息融合问题。

5.4　本章小结

本章分别对 DSmT+PCR5 规则公式及 DSmT+PCR6 规则公式进行了数学分析，从误差分析的角度分别推理给出二源情况下以及多源情况下基于证据聚类和凸函数分析的 DSmT 近似推理方法。由对各种方法的计算复杂度分析可知，本章所研究方法的计算复杂度随着焦元数量和证据源数量的增加几乎呈线性增长趋势，与 DSmT 框架下 PCR5 和 PCR6 推理方法呈指数增长的计算复杂度相比明显降低。本章同时给出了多种角度的仿真实验对比，从实验对比结果可知，本章方法的推理融合结果不仅与 DSmT+PCR5 方法及 DSmT+PCR6 方法推理融合结果的相似度极高，且计算复杂度显著减小，尤其是在证据源数量和焦元数量较多的情况下，本章所研究方法的优势更加显著。

第6章
基于条件证据网络的多源
不确定信息推理方法

6.1 引言

随着科学技术的不断发展，各种新体制传感器得到广泛应用，干扰手段也呈现出多样化趋势，导致现代战场的信号环境日益复杂，往往需要将协同作战中由多源异类传感器观测到的不同知识框架下、不同层次的信息进行有效的融合，真正地实现战场信息的综合互补，得到更有效的识别结果，才能为高层信息融合的态势感知提供更有利的支持。

在现阶段信息融合领域的研究中，对于统一框架下多源信息融合识别问题的研究较为广泛[154-158]。然而，为了能够给高层信息融合的态势感知提供更有利的支持，形成一致的态势信息，必然需要融合战场协同作战中单平台及多平台上不同知识框架下、不同层次的多源异类传感器得到的不确定信息。针对这一问题，目前已有的研究较少。现有的应用较为广泛的不同知识框架下的网络推理模型有基于贝叶斯网络的多源信息推理方法，但由于贝叶斯网络存在一些弊端，限制了其更广泛地推广和应用，本章对基于贝叶斯网络的多源信息推理方法存在的局限进行简要阐述，并引出基于条件证据网络的态势评估方法，并基于条件证据网络推理方法对态势评估算法实例进行推理，得到态势评估结果，供读者学习和参考。

6.2 基于贝叶斯网络的多源信息推理方法的局限

文献[104-107]分别提出了基于贝叶斯网络的多源信息推理的多传感器目标综合识别方法，将多层次、不同框架下的不确定知识进行概率表示，构建出贝叶斯网络结构，并基于贝叶斯理论进行概率推理，提供了不同知识框架下针对多源不确定信息推理很好的解决思路和途径。

基于贝叶斯网络的多源信息推理方法可以对在不同知识框架下，且具有复杂因果关系的知识网络进行不确定信息推理，解决了很多实际问题。但是，基于贝叶斯网络的多源信息推理方法存在两个主要的局限：首先，证据的不确定表示不完善，仅能表示贝叶斯信度，即某个节点在得到证据时，对其证据的不确定性进行模糊估计，会得到一个非 0 即 1 的结果，在单次网络的概率更新中对于识别结果的影响不大，但当不同框架下的其他节点同时得到不确定证据信息时，它们也都会进行模糊估计，再进行网络中各节点的概率更新，因此会损失证据信息的不确定度，无法对不同知识框架下、不同层次的多源异类不确定信息进行有效的融合和推理；其次，由于基于贝叶斯网络的综合识别方法对于不确定性表示的局限性，它的消息传递算法以及网络知识更新算法效率很低，每出现一条证据就需要遍历一次网络，并更新网络中的全部节点，无法满足工程应用实时性的要求。

6.3　基于条件证据网络的多源信息推理方法的优势

证据网络是为解决不同识别框架下的多源不确定信息推理问题而提出的一种证据推理理论，它与贝叶斯网络相比有着明显的差别和优势。首先，证据网络的推理基础是证据理论中的识别框架和基本概率赋值，而不是概率，它们可以对识别框架中的模糊和未知进行精确的描述，而不需要像贝叶斯网络一样对不确定的信度进行估计，避免了误差的产生；而且证据理论的证据组合规则可以实现多源不确定信息的融合，当网络中某节点同时传来多条不确定证据信息时，可以直接在节点上进行基于证据组合规则的推理融合，而不需要遍历整个网络再进行更新。这很好地解决了贝叶斯网络的局限性。

基于证据网络的多源信息推理方法包括基于条件证据网络的多源信息推理方法和基于联合信度证据网络的多源信息推理方法，由于相比之下，采用基于条件证据网络的多源信息推理方法的网络模型结构简单、参数存储量少且计算复杂度低，而其计算结果与采用基于联合信度证据网络的多源信息推理方法的网络模型计算结果相同，故本章后续将通过态势评估算法实例对基于条件证据网络的多源信息推理方法进行介绍。

6.4 基于条件证据网络的态势评估模型

通过态势评估算法实例构建的态势评估网络结构模型如图 6-1 所示。图中，飞行平台与目标特征存在因果关系，机动意图与飞行平台、飞行姿态存在因果关系，机动能力与机动范围、机动准备存在因果关系，态势等级与机动意图、机动能力存在因果关系。

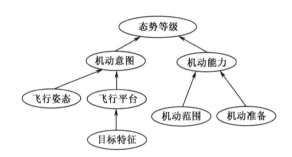

图 6-1　通过态势评估算法实例构建的态势评估网络结构模型

为了表述方便，这里将代表目标态势等级的变量定义为 TL，其识别框架为 {H,M,L}，分别代表目标的态势等级为高、中、低；将代表目标机动意图的变量定义为 HI，其识别框架为 {H,L}，分别代表目标的机动意图为巡回、抵近；将代表目标机动能力的变量定义为 C，其识别框架为 {G,B}，分别代表目标的机动能力为高机动、一般机动；将代表目标飞行姿态的变量定义为 M，其识别框架为 {T,F}，分别代表目标的飞行姿态为俯冲、平飞；将代表目标飞行平台的变量定义为 NF，其识别框架为 {T,F}，分别代表目标的飞行平台为大平台、一般平台；将代表目标特征的变量定义为 RCS，其识别框架为 {Y,N}，分别代表目标的特征为大反射面积、一般反射面积；将代表目标机动范围的变量定义为 WE，其识别框架为 {L,S}，分别代表目标的机动范围为大面积、一般面积；将代表目标机动准备的变量定义为 I，其识别框架为 {H,L}，分别代表目标的机动准备为长时间准备、一般时间准备。

基于图 6-1 的态势评估网络结构模型的各节点关系，构建基于条件证据网络的推理模型，如图 6-2 所示。其中，各变量的信息节点为椭圆形，代表该节点为收集和传输描述变量信息的节点，并以变量名称作为节点名称；态势等级、机动意图、机动能力和飞行平台与各自的子节点具有因果关系，该因果关系节点为方形，这些节点连接了父子变量节点，以数字命名，通过领域专家的因果关系规则可以将规则转化为各节点的条件概率赋值，将这些条件概率赋值分别存于图 6-2 中的节点 1、2、3、4 中。

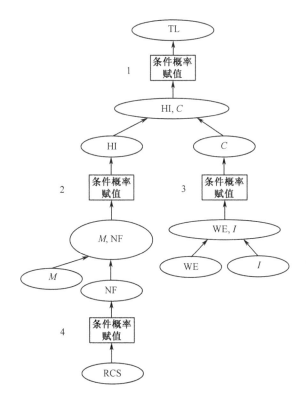

图 6-2 基于条件证据网络的推理模型

本节根据专家给出的推理规则，将推理规则转化为条件概率赋值，并将条件概率赋值作为基于条件证据网络的推理模型的节点参数，基于条件证据网络的推理模型的节点参数如表 6-1 所示，表中节点对应图 6-2 中标注的 4 个节点。

表 6-1 基于条件证据网络的推理模型的节点参数

节点	条件概率赋值
节点 1	$m(\text{TL} = \text{H} \mid C = \text{G}, \text{HI} = \text{H}) = 1$ $m(\text{TL} = \text{H} \mid C = \text{B}, \text{HI} = \text{H}) = 0.2, m(\text{TL} = \text{M} \mid C = \text{B}, \text{HI} = \text{H}) = 0.8$ $m(\text{TL} = \text{M} \mid C = \text{G}, \text{HI} = \text{L}) = 0.8, m(\text{TL} = \text{L} \mid C = \text{G}, \text{HI} = \text{L}) = 0.2$ $m(\text{TL} = \text{L} \mid C = \text{B}, \text{HI} = \text{L}) = 1$
节点 2	$m(\text{HI} = \text{H} \mid M = \text{Y}, \text{NF} = \text{F}) = 0.3, m(\text{HI} = \text{L} \mid M = \text{Y}, \text{NF} = \text{F}) = 0.7$ $m(\text{HI} = \text{H} \mid M = \text{Y}, \text{NF} = \text{T}) = 0.7, m(\text{HI} = \text{L} \mid M = \text{Y}, \text{NF} = \text{T}) = 0.3$ $m(\text{HI} = \text{H} \mid M = \text{N}, \text{NF} = \text{T}) = 0.6, m(\text{HI} = \text{L} \mid M = \text{N}, \text{NF} = \text{T}) = 0.4$ $m(\text{HI} = \text{H} \mid M = \text{N}, \text{NF} = \text{F}) = 0.8, m(\text{HI} = \text{L} \mid M = \text{N}, \text{NF} = \text{F}) = 0.2$
节点 3	$m(C = \text{G} \mid I = \text{H}, \text{WE} = \text{L}) = 1$ $m(C = \text{G} \mid I = \text{L}, \text{WE} = \text{L}) = 0.6, m(C = \text{B} \mid I = \text{L}, \text{WE} = \text{L}) = 0.4$ $m(C = \text{G} \mid I = \text{H}, \text{WE} = \text{S}) = 0.9, m(C = \text{B} \mid I = \text{H}, \text{WE} = \text{S}) = 0.1$ $m(C = \text{B} \mid I = \text{L}, \text{WE} = \text{S}) = 0.1, m(C = \text{G} \mid I = \text{L}, \text{WE} = \text{S}) = 0.9$
节点 4	$m(\text{NF} = \text{T} \mid \text{RCS} = \text{Y}) = 0.05, m(\text{NF} = \text{F} \mid \text{RCS} = \text{Y}) = 0.95$ $m(\text{NF} = \text{T} \mid \text{RCS} = \text{N}) = 0.7, m(\text{NF} = \text{F} \mid \text{RCS} = \text{N}) = 0.3$

下面假设在某一时刻，态势系统接收到的第一级信息融合系统传来的目标探测信息转化的证据为

$$
\begin{aligned}
&m(M = \text{Y}) = 1, m(M = \text{N}) = 0 \\
&m(\text{RCS} = \text{Y}) = 1, m(\text{RCS} = \text{N}) = 0 \\
&m(\text{WE} = \text{L}) = 1, m(\text{WE} = \text{S}) = 0 \\
&m(I = \text{H}) = 1, m(I = \text{L}) = 0
\end{aligned}
\tag{6-1}
$$

6.5 节将采用图 6-2 所示的基于条件证据网络的推理模型、表 6-1 所示的基于条件证据网络的推理模型的节点参数，以及式（6-1）所示的目标探测信息转化的证据进行基于条件证据网络的多源不确定信息推理，并对推理的具体步骤进行详细描述，以供读者对推理过程进行学习和分析。

6.5 基于条件证据网络的多源不确定信息推理方法的步骤

（1）首先处理节点 RCS 获得的证据 $m(\mathrm{RCS}=\mathrm{Y})=1$、$m(\mathrm{RCS}=\mathrm{N})=0$，基于节点 4 的条件概率赋值，运用式（2-18）进行正向推理，得到 RCS 的父节点 NF 的证据，运算步骤为

$$m(\mathrm{NF}=\mathrm{T})=m(\mathrm{IFF}=\mathrm{Y})\times m(\mathrm{NF}=\mathrm{T}\,|\,\mathrm{IFF}=\mathrm{Y})=0.05$$
$$m(\mathrm{NF}=\mathrm{F})=m(\mathrm{IFF}=\mathrm{Y})\times m(\mathrm{NF}=\mathrm{F}\,|\,\mathrm{IFF}=\mathrm{Y})=0.95$$

（6-2）

（2）节点 NF 获得由子节点信息推理得到的证据后，与节点 M 的证据进行扩展，合并传输到节点 M、NF，该节点的证据为

$$m(M=\mathrm{Y},\mathrm{NF}=\mathrm{T})=m(M=\mathrm{Y})\times m(\mathrm{NF}=\mathrm{T})=0.05$$
$$m(M=\mathrm{N},\mathrm{NF}=\mathrm{F})=m(M=\mathrm{N})\times m(\mathrm{NF}=\mathrm{F})=0$$
$$m(M=\mathrm{N},\mathrm{NF}=\mathrm{T})=m(M=\mathrm{N})\times m(\mathrm{NF}=\mathrm{T})=0$$
$$m(M=\mathrm{Y},\mathrm{NF}=\mathrm{F})=m(M=\mathrm{Y})\times m(\mathrm{NF}=\mathrm{F})=0.95$$

（6-3）

（3）节点 M、NF 得到扩展后的证据后，基于节点 2 的条件概率赋值进行正向推理，得到节点 HI 的证据为

$$
\begin{aligned}
m(\mathrm{HI}=\mathrm{H})&=m(M=\mathrm{Y},\mathrm{NF}=\mathrm{T})\times m(\mathrm{HI}=\mathrm{H}\,|\,M=\mathrm{Y},\mathrm{NF}=\mathrm{T})+\\
&\quad m(M=\mathrm{Y},\mathrm{NF}=\mathrm{F})\times m(\mathrm{HI}=\mathrm{H}\,|\,M=\mathrm{Y},\mathrm{NF}=\mathrm{F})\\
&=0.05\times 0.7+0.95\times 0.3=0.32\\
m(\mathrm{HI}=\mathrm{L})&=m(M=\mathrm{Y},\mathrm{NF}=\mathrm{T})\times m(\mathrm{HI}=\mathrm{L}\,|\,M=\mathrm{Y},\mathrm{NF}=\mathrm{T})+\\
&\quad m(M=\mathrm{Y},\mathrm{NF}=\mathrm{F})\times m(\mathrm{HI}=\mathrm{L}\,|\,M=\mathrm{Y},\mathrm{NF}=\mathrm{F})\\
&=0.05\times 0.3+0.95\times 0.7=0.68
\end{aligned}
$$

（6-4）

（4）节点 WE 和节点 I 的证据经过扩展，合并传输到节点 WE、I，其证据为

$$m(\text{WE} = \text{L}, I = \text{H}) = m(\text{WE} = \text{L}) \times m(I = \text{H}) = 1$$
$$m(\text{WE} = \text{S}, I = \text{L}) = m(\text{WE} = \text{S}) \times m(I = \text{L}) = 0$$
$$m(\text{WE} = \text{S}, I = \text{H}) = m(\text{WE} = \text{S}) \times m(I = \text{H}) = 0 \quad (6\text{-}5)$$
$$m(\text{WE} = \text{L}, I = \text{L}) = m(\text{WE} = \text{L}) \times m(I = \text{L}) = 0$$

（5）节点 WE、I 得到扩展的证据后，基于节点 3 的条件概率赋值进行正向推理，得到节点 C 的证据为

$$m(C = \text{G}) = m(\text{WE} = \text{L}, I = \text{H}) \times m(C = \text{G} \mid \text{WE} = \text{L}, I = \text{H}) = 1$$
$$m(C = \text{B}) = m(\text{WE} = \text{L}, I = \text{H}) \times m(C = \text{B} \mid \text{WE} = \text{L}, I = \text{H}) = 0 \quad (6\text{-}6)$$

（6）节点 HI 和节点 C 的证据经过扩展，合并传输到节点 HI、C，该节点的证据为

$$m(C = \text{G}, \text{HI} = \text{H}) = m(C = \text{G}) \times m(\text{HI} = \text{H}) = 0.32$$
$$m(C = \text{G}, \text{HI} = \text{L}) = m(C = \text{G}) \times m(\text{HI} = \text{L}) = 0.68$$
$$m(C = \text{B}, \text{HI} = \text{H}) = m(C = \text{B}) \times m(\text{HI} = \text{H}) = 0 \quad (6\text{-}7)$$
$$m(C = \text{B}, \text{HI} = \text{L}) = m(C = \text{B}) \times m(\text{HI} = \text{L}) = 0$$

（7）节点 HI、C 得到扩展的证据后，基于节点 1 的条件概率赋值进行正向推理，得到节点 TL 的证据为

$$m(\text{TL} = \text{H}) = m(C = \text{G}, \text{HI} = \text{H}) \times m(\text{TL} = \text{H} \mid C = \text{G}, \text{HI} = \text{H}) +$$
$$m(C = \text{G}, \text{HI} = \text{L}) \times m(\text{TL} = \text{H} \mid C = \text{G}, \text{HI} = \text{L}) = 0.32$$
$$m(\text{TL} = \text{M}) = m(C = \text{G}, \text{HI} = \text{H}) \times m(\text{TL} = \text{M} \mid C = \text{G}, \text{HI} = \text{H}) +$$
$$m(C = \text{G}, \text{HI} = \text{L}) \times m(\text{TL} = \text{M} \mid C = \text{G}, \text{HI} = \text{L}) = 0.544 \quad (6\text{-}8)$$
$$m(\text{TL} = \text{L}) = m(C = \text{G}, \text{HI} = \text{H}) \times m(\text{TL} = \text{L} \mid C = \text{G}, \text{HI} = \text{H}) +$$
$$m(C = \text{G}, \text{HI} = \text{L}) \times m(\text{TL} = \text{L} \mid C = \text{G}, \text{HI} = \text{L}) = 0.136$$

经过基于条件证据网络的多源不确定信息推理，得到节点 TL 的证据，即态势评估的推理融合结果。从证据中解析可得，态势等级为高、中、低的可信程度分别为 0.32、0.544、0.136，由此可得到决策，此时态势等级为中的可能性最大，为高的可能性较大，为低的可能性相对最低。然而该决策结果是基于当前证据推理融合结果得到的，随着新时刻的证据信息不断更新，各节点再次执行新的推理过程，该决策结果可实时进行更新。从决策结果中，我们很容易看出，基于条件证据网络的多源不确定信息推理融合结果不仅可以得到哪种可能性是最优的，而且可以对每种可能性的不确定程度进行划分比较，为决策的可靠性提供更精确的支撑。

6.6　本章小结

　　本章对处理不同识别框架的多源不确定信息推理问题的方法进行了介绍，阐述了基于贝叶斯网络的多源信息推理方法的局限和基于条件证据网络的多源信息推理方法的优势，并通过态势评估算法实例对基于条件证据网络的多源不确定信息推理方法进行了算法步骤描述和分析，分析了基于条件证据网络的多源不确定信息推理方法的优越性，具有一定的理论研究意义和工程实践价值。

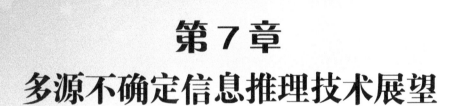

第7章
多源不确定信息推理技术展望

本书在降低 DSmT 推理方法计算复杂度的近似优化方面进行了大量的研究，分别提出了 DSmT-DS 多源不确定信息推理方法以及基于证据聚类和凸函数分析的 DSmT 多源不确定信息推理方法，同时，本书还对不同识别框架下的多源不确定信息推理问题进行了探索，研究了基于条件证据网络的多源不确定信息推理方法，仿真实验结果表明，本书所研究方法与现有方法相比具有一定的先进性，但多源不确定信息推理技术仍然还有很多问题需要进一步研究。

（1）将所研究方法应用于更多的应用领域中，如多源图像融合、序列目标识别等。面对更多的应用领域的关键，是对该领域的先验数据进行分析，得到合理的证据建模方法，再进行多源证据信息的推理融合操作。研究复杂背景下多源图像信息的特征提取以及快速证据建模方法，以便后续有效利用本书所研究的快速推理融合方法得到推理融合结果，仍然有着非常大的研究意义。

（2）本书所研究的方法仍然与经典的 D-S 证据理论、DSmT 理论一样，要求证据源及多源证据之间是相互独立的，而在实际应用中，由于多个传感器可能会受到同一噪声的影响，所以无法满足多源证据间的条件独立性。对于这些不满足相互独立条件的多源证据，盲目进行证据推理，容易造成错误的推理融合结果。所以，对复杂背景下的多源证据进行分析，选取相关证据，并对相关证据去相关性，再进行有效的推理融合，仍然是一个需要研究的问题。

（3）如何解决网络化海量信息多模态化的问题。比如，如何将文本数据、视频或语音等多媒体数据转化为同模态下的信息，并进行合理的证据建模，不仅具有理论研究意义，也有相当大的工程实践价值。

（4）将不确定证据推理方法与本体、语义网等工具结合起来，使基于本体的大型知识融合网络化智能系统可以对不确定的证据信息进行自动推理和决策，是今后的一个重要研究方向。

（5）在实际环境中，噪声形式多种多样，其复杂度远远超过本书中仿真的高斯噪声，这就必须在工程应用中，针对具体的环境、具体的背景对实测数据进行分析、学习，了解噪声的形式，构建基于应用背景的高精度证据建模方法。

参考文献

[1] 何友，王国宏，关欣，等. 信息融合理论及应用[M]. 北京：电子工业出版社，2010.

[2] Shafer G.A. Mathematical theory of evidence[M]. Princeton: Princeton University Press, 1976.

[3] 潘泉，程咏梅，梁彦，等. 信息融合理论与应用[M]. 北京：清华大学出版社，2012.

[4] 贾宇平，杨威，付耀文，等. 一种基于度量层信息的基本信任分配构造方法[J]. 电子与信息学报，2009，31（6）：1345-1349.

[5] 贾宇平，杨威，付耀文，等. 一种基于白化权函数的基本信任分配构造方法[J]. 信号处理，2009，25（7）：1038-1043.

[6] 贾宇平，李亚楠，付耀文，等. 一种基于灰色定权聚类的决策层融合目标识别算法[J]. 电子与信息学报，2008，30（2）：255-258.

[7] 王壮，郁文贤，胡卫东，等. 基于扩展相容性关系的通用证据模型建立过程[J]. 电子与信息学报，2004，26（2）：233-240.

[8] Denoeux T. A k-nearest neighbor classification rule based on Dempster-Shafer theory[J]. Classic works of the Dempster-Shafer theory of belief functions, 2008: 737-760.

[9] Zouhal L M, Denoeux T. An evidence-theoretic k-NN rule with parameter optimization[J]. IEEE Transactions on Systems, Man, and Cybernetics, Part C (Applications and Reviews), 1998, 28(2): 263-271.

[10] 刘明，袁保宗，唐晓芳. 证据理论 KNN 规则中确定相似度参数的新方法[J]. 电子学报，2005，33（4）：766-768.

[11] Denoeux T. A neural network classifier based on Dempster-Shafer theory[J]. IEEE Transactions on Systems, Man, and Cybernetics-Part A: Systems and Humans, 2000, 30(2): 131-150.

[12]   Masson M H, Denoeux T. ECM: An evidential version of the fuzzy c-means algorithm[J]. Pattern Recognition, 2008, 41(4): 1384-1397.

[13]   付耀文，杨威，庄钊文. 证据建模研究综述[J]. 系统工程与电子技术，2013，35（6）：1160-1167.

[14]   苗壮，程咏梅，潘泉，等. 证据推理的近似计算研究[J]. 西安电子科技大学学报，2011，38（2）：187-193.

[15]   杨海峰，侯朝桢. 证据理论的近似算法[J]. 计算机工程与设计，2006，27（4）：667-669.

[16]   王壮，胡卫东，郁文贤，等. 基于截断型 D-S 的快速证据组合方法[J]. 电子与信息学报，2002，24（12）：1863-1869.

[17]   Zadeh L. A simple view of the Dempster-Shafer theory of evidence and its implication for the rule of combination[J]. AI Magazine, 1986, 7(1): 34-38.

[18]   Dubois D, Prade H. Representation and combination of uncertainty with belief functions and possibility measures[J]. Computational Intelligence, 1998, 4(3): 244-264.

[19]   Smets P, Kennes R. The transferable belief model[J]. Classic Works of the Dempster-Shafer Theory of Belief Functions, 2008: 693-736.

[20]   Smets P. Decision making in the TBM: the necessity of the pignistic transformation[J]. International Journal of Approximate Reasoning, 2005, 38(2): 133-147.

[21]   Smets P. The combination of evidence in the transferable belief model[J]. IEEE Transaction on Pattern and Machine Intelligence, 1990, 12(5): 447-458.

[22]   Lefevre E, Colot E, Vannoorenberghe P. Belief function combination and conflict management[J]. Information Fusion, 2002, 3(2): 149-162.

[23]   Haenni R. Are alternatives to Dempster's rule of combination real alternatives?: Comments on "About the belief function combination and the conflict management problem"[J]. Information Fusion, 2002, 3(4): 237-239.

[24] Murphy C K. Combining belief functions when evidence conflicts[J]. Decision Support Systems, 2000, 29(1): 1-9.

[25] Deng Y, Shi W, Liu Q. Combining belief function based on distance function[J]. Decision Support Systems, 2004, 38(3): 489-493.

[26] Jousselme A L, Grenier D, Bossé É. A new distance between two bodies of evidence[J]. Information Fusion, 2001, 2(2): 91-101.

[27] Elouedi Z, Mellouli K, Smets P. Assessing sensor reliability for multisensor data fusion within the transferable belief model[J]. IEEE Transactions on Systems, Man, and Cybernetics, Part B: Cybernetic, 2004, 34(1): 782-787.

[28] Guo H, Shi W, Deng Y. Evaluating sensor reliability in classification problems based on evidence theory[J]. IEEE Transactions on Systems, Man, and Cybernetics, Part B: Cybernetics, 2006, 36(5): 970-981.

[29] Dezert J. Foundations for a new theory of plausible and paradoxical reasoning[J]. Information and Security, 2002, 9: 13-57.

[30] Dezert J, Smarandache F. Advances and Applications of DSmT for Information Fusion[M]. Vol. 1. Rehohoth: American Research Press, 2004.

[31] Dezert J, Smarandache F. Advances and Applications of DSmT for Information Fusion[M]. Vol. 2. Rehohoth: American Research Press, 2006.

[32] Dezert J, Smarandache F. Advances and Applications of DSmT for Information Fusion[M]. Vol. 3. Rehohoth: American Research Press, 2009.

[33] Dezert J, Smarandache F. Advances and Applications of DSmT for Information Fusion[M]. Vol. 4. Rehohoth: American Research Press, 2015.

[34] 潘泉，张山鹰，程咏梅，等. 证据推理的鲁棒性研究[J]. 自动化学报，2001，27（6）：798-805.

[35] 李新德. 多源不完善信息融合方法及其应用研究[D]. 武汉：华中科

技大学，2007.

[36] 关欣，衣晓，孙晓明，等. 有效处理冲突证据的融合方法[J]. 清华大学学报（自然科学版），2009，49（1）：138-141.

[37] Jin H, Li H, Lan J, et al. A new PCR combination rule for dynamic frame fusion[J]. Chinese Journal of Electronics, 2018, 27(4): 821-826.

[38] 金宏斌，田康生，李浩，等. DSM 理论及其在目标融合识别中的应用[M]. 北京：国防工业出版社，2019.

[39] 何兵，胡红丽. 一种修正的 DS 证据融合策略[J]. 航空学报，2003，24（6）：559-562.

[40] 王壮，胡卫东，郁文贤，等. 基于均衡信度分配准则的冲突证据组合方法[J]. 电子学报，2001，29（S1）：1852-1855.

[41] 关欣，衣晓，孙晓明，等. 有效处理冲突证据的融合方法[J]. 清华大学学报（自然科学版），2009，49（1）：138-141.

[42] Hu L F, Guan X, He Y. Efficient combination rule of Dezert-Smarandache theory[J]. Journal of Systems Engineering and Electronics, 2008, 19(6): 1139-1144.

[43] Dezert J. Foundations for a new theory of plausible and paradoxical reasoning[J]. Information and Security, 2002, 9: 13-57.

[44] 李新德，黄心汉，戴先中，等. 基于 DSmT 融合机的移动机器人环境感知研究[J]. 华中科技大学学报（自然科学版），2009，37（12）：64-67.

[45] 李新德，黄心汉，戴先中，等. 模糊扩展 DSmT 在移动机器人环境感知中的应用[J]. 华中科技大学学报（自然科学版），2008，36：113-115.

[46] Liu Z, Dezert J, Mercier G, et al. Dynamic evidential reasoning for change detection in remote sensing images[J]. IEEE Transactions on Geoscience and Remote Sensing, 2011, 50(5): 1955-1967.

[47] Liu Z, Dezert J, Pan Q, et al. Combination of sources of evidence with different discounting factors based on a new dissimilarity measure[J]. Decision Support Systems, 2011, 52(1): 133-141.

[48] Denoeux T, El Zoghby N, Cherfaoui V, et al. Optimal object association in the Dempster-Shafer framework[J]. IEEE Transactions on Cybernetics, 2014, 44(22): 2521-2531.

[49] Faux F, Luthon F. Theory of evidence for face detection and tracking[J]. International Journal of Approximate Reasoning, 2012, 53(5): 728-746.

[50] Li X, Huang X, Dezert J, et al. A successful application of DSmT in sonar grid map building and comparison with DST-based approach[J]. International Journal of Innovative Computing, Information and Control, 2007, 3(3): 539-549.

[51] Liu Z, Pan Q, Dezert J, et al. Credal classification rule for uncertain data based on belief functions[J]. Pattern Recognition, 2014, 47(7): 2532-2541.

[52] Liu Z G, Pan Q, Mercier G, et al. A new incomplete pattern classification method based on evidential reasoning[J]. IEEE Transactions on Cybernetics, 2014, 45(4): 635-646.

[53] Lian C, Ruan S, Denœux T. An evidential classifier based on feature selection and two-step classification strategy[J]. Pattern Recognition, 2015, 48(7): 2318-2327.

[54] Liu Z, Pan Q, Dezert J, et al. Credal c-means clustering method based on belief functions[J]. Knowledge-based Systems, 2015, 74: 119-132.

[55] Denoeux T. Maximum likelihood estimation from uncertain data in the belief function framework[J]. IEEE Transactions on Knowledge and Data Engineering, 2011, 25(1): 119-130.

[56] 辛玉林，邹江威，徐世友，等. DSmT 理论在综合敌我识别中的应用[J]. 系统工程与电子技术，2010，32（11）：2385-2388.

[57] 陈法法，汤宝平，姚金宝. 基于 DSmT 与小波网络的齿轮箱早期故障融合诊断[J]. 振动与冲击，2013，32（9）：40-45.

[58] Smarandache F, Dezert J. Information fusion based on new proportional conflict redistribution rules[C]//2005 7th international conference on information fusion. Philadelphia, America: IEEE, 2005: 907-914.

[59] Dezert J, Smarandache F. DSmT: A new paradigm shift for information fusion[M]. Infinite Study, 2006.

[60] Djiknavorian P, Grenier D. Reducing DSmT hybrid rule complexity through optimization of the calculation algorithm[J]. Advances and Applications of DSmT for Information Fusion, 2006: 365.

[61] Martin A. Implementing general belief function framework with a practical codification for low complexity[M]. Infinite Study, 2008.

[62] Abbas N, Chibani Y, Nemmour H. Handwritten digit recognition based on a DSmT-SVM parallel combination[C]//2012 International Conference on Frontiers in Handwriting Recognition. IEEE, 2012: 241-246.

[63] Abbas N, Chibani Y, Belhadi Z, et al. A DSmT based combination scheme for multi-class classification[C]//Proceedings of the 16th International Conference on Information Fusion. IEEE, 2013: 1950-1957.

[64] Li X, Dezert J, Smarandache F, Huang X. Evidence supporting measure of similarity for reducing the complexity in information fusion[J]. Information Sciences, 2011, 181(10): 1818-1835.

[65] Li X, Wu X, Sun J, et al. An approximate reasoning method in dezert-smarandache theory[J]. Journal of Electronics (China), 2009, 26(6): 738-745.

[66] 李新德，Jean Dezert，黄心汉，等. 一种快速分层递阶 DSmT 近似推理融合方法（A）[J]. 电子学报，2010，38（11）：2566-2572.

[67] 李新德，杨伟东，吴雪建，等. 一种快速分层递阶 DSmT 近似推理融合方法（B）[J]. 电子学报，2011，39（S1）：31-36.

[68] Shafer G, Shenoy P P, Mellouli K. Propagating belief functions in qualitative Markov trees[J]. International Journal of Approximate Reasoning, 1987, 1(4): 349-400.

[69] Mellouli K, Shafer G, Shenoy P P. Qualitative markov networks[M]//Uncertainty in Knowledge-Based Systems. Springer-Verlag Berlin, 1987, 286: 69-74.

[70] Cobb B R, Shenoy P P. A comparison of Bayesian and belief function reasoning[J]. Information Systems Frontiers, 2003, 5(4): 345-358.

[71] Weber P, Medina-Oliva G, Simon C, et al. Overview on Bayesian networks applications for dependability, risk analysis and maintenance areas[J]. Engineering Applications of Artificial Intelligence, 2012, 25(4): 671-682.

[72] 王双成. 贝叶斯网络学习、推理与应用[M]. 上海：立信会计出版社，2010.

[73] Eibich P, Ziebarth N R. Examining the structure of spatial health effects in Germany using Hierarchical Bayes Models[J]. Regional Science and Urban Economics, 2014, 49: 305-320.

[74] Lee C H. A gradient approach for value weighted classification learning in naive Bayes[J]. Knowledge-Based Systems, 2015, 85: 71-79.

[75] Robson B. Hyperbolic Dirac nets for medical decision support. Theory, methods, and comparison with Bayes nets[J]. Computers in Biology and Medicine, 2014, 51: 183-197.

[76] Lin H C, Su C T. A selective Bayes classifier with meta-heuristics for incomplete data[J]. Neurocomputing, 2013, 106(15): 95-102.

[77] Karpas E, Shimony S E, Beimel A. Approximate belief updating in max-2-connected Bayes networks is NP-hard[J]. Artificial Intelligence, 2009, 173(12-13): 1150-1153.

[78] Shenoy P P. Valuation-based systems: A framework for managing uncertainty in expert systems[M]//Fuzzy logic for the management of uncertainty. 1992: 83-104.

[79] Shenoy P P. Binary join trees for computing marginals in the Shenoy-Shafer Architecture[J]. International Journal of Approximate Reasoning, 1997, 17(2-3): 239-263.

[80] Xu H, Smets P. Reasoning in evidential networks with conditional belief functions[J]. International Journal of Approximate Reasoning, 1996, 14(2-3): 155-185.

[81] Yaghlane B B, Mellouli K. Inference in directed evidential networks based on the transferable belief model[J]. International Journal of Approximate Reasoning, 2008, 48(2): 399-418.

[82] Attoh-Okine N O. Aggregating evidence in pavement management decision-making using belief functions and qualitative Markov tree[J]. IEEE Transactions on Systems, Man, and Cybernetics, Part C (Applications and Reviews), 2002, 32(3): 243-251.

[83] Bovee M, Srivastava R P, Mak B. A conceptual framework and belief-function approach to assessing overall information quality[J]. International Journal of Intelligent Systems, 2003, 18(1): 51-74.

[84] Cobb B R, Shenoy P P. A comparison of Bayesian and belief function reasoning[J]. Information Systems Frontiers, 2003, 5: 345-358.

[85] Yaghlane B B, Smets P, Mellouli K. Directed evidential networks with conditional belief functions[C]//Symbolic and Quantitative Approaches to Reasoning with Uncertainty: 7th European Conference, ECSQARU 2003 Aalborg, Denmark, July 2-5, 2003 Proceedings 7. Springer Berlin Heidelberg, 2003: 291-305.

[86] Srivastava R P, Buche M W, Roberts T L. Belief function approach to evidential reasoning in causal maps[M]//Causal Mapping for Research in Information Technology. IGI Global, 2005: 109-141.

[87] Simon C, Weber P, Levrat E. Bayesian networks and evidence theory to model complex systems reliability[J]. Journal of Computers (JCP), 2007, 2(1): 33-43.

[88] Weber P, Simon C. Dynamic evidential networks in system reliability analysis: A Dempster Shafer approach[C]//16th Mediterranean Conference on Control and Automation. IEEE, 2008: 603-608.

[89] Simon C, Weber P, Evsukoff A. Bayesian networks inference algorithm to implement Dempster Shafer theory in reliability analysis[J]. Reliability Engineering & System Safety, 2008, 93(7): 950-963.

[90] Simon C, Weber P. Imprecise reliability by evidential networks[J].

Journal of Risk and Reliability, 2009, 223(2): 119-131.

[91] Simon C, Weber P. Evidential networks for reliability analysis and performance evaluation of systems with imprecise knowledge[J]. IEEE Transaction on Reliability, 2009, 58(1): 69-87.

[92] Trabelsi W, Yaghlane B B, Magdalena L, et al. Belief Net Tool: An evidential network toolbox for matlab[C]//Proceedings of IPMU. 2008, 8: 362-369.

[93] Benavoli A, Ristic B, Farina A, et al. An application of evidential networks to Threat Assessment[J]. IEEE Transactions on Aerospace and Electronic Systems, 2009, 45(2): 620-639.

[94] Hong X, Nugent C, Mulvenna M, et al. Evidential fusion of sensor data for activity recognition in smart homes[J]. Pervasive and Mobile Computing, 2009, 5(3): 236-252.

[95] 李中杰, 徐世友, 刘万全, 陈曾平. 基于条件信任函数的证据网络在综合敌我识别中的应用[C]//. 全国第五届信号和智能信息处理与应用学术会议专刊（第一册）. 2011：293-298.

[96] 姜江. 证据网络建模、推理及学习方法研究[D]. 长沙：国防科学技术大学，2011.

[97] 潘泉, 王增福, 梁彦, 等. 信息融合理论的基本方法与进展（Ⅱ）[J]. 控制理论与应用，2012，29（10）：1233-1244.

[98] Jiang W, Zhuang M, Xie C. A reliability-based method to sensor data fusion[J]. Sensors, 2017, 17(7): 1575.

[99] Jiang W, Zhuang M, Xie C, et al. Sensing attribute weights: A novel basic belief assignment method[J]. Sensors, 2017, 17(4): 721.

[100] Jiang W, Xie C, Zhuang M, et al. Failure mode and effects analysis based on a novel fuzzy evidential method[J]. Applied Soft Computing, 2017, 57: 672-683.

[101] 张昭昭, 乔俊飞. 模块化神经网络结构分析与设计[M]. 沈阳：辽宁科学技术出版社，2014.

[102] 程克玲. 高等数学核心理论剖析与解题方法研究[M]. 成都：电子

科技大学出版社，2018.

[103] 刘海军，柳征，姜文利，等. 一种基于云模型的辐射源识别方法[J]. 电子与信息学报，2009，31（9）：2079-2083.

[104] 郭小宾，王壮，胡卫东. 基于贝叶斯网络的目标融合识别方法研究[J]. 系统仿真学报，2005，17（11）：2713-2716.

[105] 史志富，张安. 贝叶斯网络理论及其在军事系统中的应用[M]. 北京：国防工业出版社，2012.

[106] 史志富，张安，何胜强. 基于贝叶斯网络的多传感器目标识别算法研究[J]. 传感技术学报，2007，20（4）：922-924.

[107] 郑景嵩，高晓光，陈冲. 基于弹性变结构 DDBN 网络的空战目标识别[J]. 系统仿真学报，2008，30（9）：2303-2306.

反侵权盗版声明

电子工业出版社依法对本作品享有专有出版权。任何未经权利人书面许可，复制、销售或通过信息网络传播本作品的行为；歪曲、篡改、剽窃本作品的行为，均违反《中华人民共和国著作权法》，其行为人应承担相应的民事责任和行政责任，构成犯罪的，将被依法追究刑事责任。

为了维护市场秩序，保护权利人的合法权益，我社将依法查处和打击侵权盗版的单位和个人。欢迎社会各界人士积极举报侵权盗版行为，本社将奖励举报有功人员，并保证举报人的信息不被泄露。

举报电话：（010）88254396；（010）88258888

传　　真：（010）88254397

E-mail：　dbqq@phei.com.cn

通信地址：北京市万寿路 173 信箱

　　　　　电子工业出版社总编办公室

邮　　编：100036